孩子最爱问的十万个为什么·自然：

海洋世界

孙维茹　编著

黄河水利出版社
·郑州·

图书在版编目（CIP）数据

海洋世界/ 孙维茹编著. —2版. —郑州:黄河水利
出版社,2019.1
　　（孩子最爱问的十万个为什么.自然）
　　ISBN 978-7-5509-2281-5

　　Ⅰ.①海…　Ⅱ.①孙…　Ⅲ.①海洋—青少年读物
Ⅳ.①P7-49

　　中国版本图书馆CIP数据核字(2019)第031453号

出版发行:黄河水利出版社

社　　　址:河南省郑州市顺河路黄委会综合楼14层
电　　　话:0371-66026940　　邮政编码:450003
网　　　址:http://www.yrcp.com

印　　　刷:三河市人民印务有限公司
开　　　本:787mm×1092mm　　1/16
印　　　张:9.5
字　　　数:148千字
版　　　次:2019年1月第2版　　2021年8月第2次印刷
定　　　价:39.90元

前　言

　　本书以简明易懂的语言,介绍了海洋知识,为广大青少年构建起一座海洋知识的宝库,在一定程度上满足了广大青少年的求知欲和好奇心。

　　全书由以下部分构成:海洋基础知识篇、海洋生物篇、海洋奥秘篇、海洋之最篇、海洋开发篇。

　　在海洋基础知识篇,介绍了海洋的基础知识,如海与洋有什么区别呢? 海流是怎么形成的? 为什么会形成潮汐? 海浪是海水的波动现象吗? 海洋是怎么划分的? 为什么海洋气温会随时间变化? 等等。

　　在海洋生物篇,介绍了关于海洋生物的知识,如:海洋植物都包括什么? 海洋生物具有抗癌作用吗? 为什么珊瑚会褪色? 藻类是如何进化的? 为什么巨藻会被人称为水下森林的"怪蛇"? 为什么马尾藻海会行踪不定呢? 为什么海带会被称为海洋里的"庄稼"? 海洋动物包括哪些类别? 等等。

　　在海洋奥秘篇,介绍了关于海洋的神秘知识,如:远古海洋生物蛇颈龙秘密到底有多少? 神出鬼没的海洋巨蟒到底是何方神圣? 等等。此外,还介绍了关于海洋之最以及人类在海洋开发方面的精彩内容。

　　本书语言通俗易懂，叙述生动有趣，介绍的海洋知识准确翔实，会让孩子们喜欢阅读，并且对海洋世界产生浓厚兴趣。相信本书能够帮助孩子们增长知识，开阔视野，为他们打开一扇了解海洋世界的窗口，成为孩子们了解海洋世界的最佳读物。

编　者
2018年9月于北京

目 录

海洋基础知识篇

海洋生物篇

海 洋 奥 秘 篇

海洋之最篇

海洋开发篇

海洋基础知识篇

海洋最初是怎么形成的呢

地球刚诞生时,在它的表面既没有水柔浪细的河流,更没有烟波浩淼的海洋。和宇宙万物一样,海洋也有一个形成、发展和消亡的过程。那么,海洋最初是怎么形成的呢?

首先说洋盆的形成。最初的假说是"冷缩说",它认为地球是从炽热的太阳中分离出来的熔融状态的岩浆火球。由于热胀冷缩,表面冷得快而内部冷却慢,于是外部与内部形成愈来愈大的空隙。在旋转过程中,空隙上方的岩体由于重力作用下沉,形成了深陷宽广的凹地。这就是最初的海洋。还有一种"分离说"认为,地球处于熔融状态时,由于太阳的引力和地球自转作用,一部分岩浆不翼而飞,形成月球,而地球上留下的窟窿便是太平洋洋盆。而且月球刚从地球分离出去时,地球发生强烈的震动,表面出现巨大的裂隙,这就是大西洋和印度洋最初的形成。但这两个假说对其后的研究和发现都不能作出正确的解释,进入了"死胡同"。

到20世纪初,德国气象学家魏格曼在阅读世界地图时发现大西洋东西两岸的海岸形状竟然可以像拼七巧板那样拼合起来,像一块完整的大陆。

1912年，他提出了"大陆漂移学说"：设想地球上原来只有一块全整的大陆——泛大陆，被一片汪洋"泛大洋"所包围。后来，由于天体的引力和地球的自转离心力所致，泛大陆出现裂缝，开始分裂和漂移。结果美洲便脱离非洲和欧洲，中间形成大西洋。非洲有一半脱离亚洲，南端与印巴次大陆分开，由此诞生了印度洋。还有两块较小陆地离开亚洲和非洲大陆，向南漂移，形成了澳洲和南极洲。这个有趣的假说一经问世，立即受到人们的重视。但由于当时科学水平的限制，特别是大陆漂移的物理机理没有得到解决，轰动一时的假设又很快没了声息。

直到20世纪60年代初，建立在当时的地球物理科学基础上的"海底扩张说"应运而生，它科学地解释了大洋地壳的形成问题，在此基础上发展起来的"板块构造学说"进一步用地球板块的产生、消亡和相互作用来解释地球的构造运动。这两个学说给"大陆漂移学说"注入了更科学的新鲜的血液，以"板块理论"的形式出现，更好地解释了海洋的形成和发展的问题，板块理论认为，大洋的诞生始于大陆地壳的破裂。

地壳由于内部物质上涌产生隆起，在张力作用下向两边拉伸，从而导致局部破裂，形成一系列的裂谷与湖泊。现代东非大裂谷便是例子。后来大陆地壳终于被拉断，岩浆沿裂隙上涌，凝结而成大陆地壳，一个新的大洋便从此诞生。

有了洋盆，没有海水还是成不了海洋。海水又是从何而来呢？"黄河之水天上来"，地球上的水主要是从天上（大气中）来的。地球在诞生之初，内部物质在高温下分化产生气体形成原始大气，其中包括大量水汽。火山喷出的水蒸气，是地球上水的重要来源。当熔岩冷却结晶时也能释放出大量的水。归根结底，水与大气都是地球内部来的。这些水在地壳的低洼处汇合后，形成了湖泊与海洋。

"都说那海水又苦又咸"，但原始海洋水并不像今天这么咸。原来，大气和火山喷出的气体中有一些固体物质蒸汽，如氯化钠、氯化镁等盐分，它们都溶解在水中流进海洋。另外,陆地上和海底一些岩石的风化作用产生一些盐分也汇入了海水中。久而久之,海水中的盐分越来越多,就越来越咸了,变成了现今的海水。

北冰洋是怎么形成的

2000万年前,北冰洋最多只算是一个巨大的淡水湖,湖水通过一条狭窄的通路流入大西洋。然后在1820万年前,由于地球板块的运动,狭窄的通道渐渐变成较宽的海峡,大西洋的海水开始流进北极圈,慢慢形成了今天的北冰洋。这是瑞典科学家分析了2004年从北冰洋海底采集的沉淀物后,得出的上述结论。

瑞典斯德哥尔摩大学的马丁·杰克逊等人前不久发表报告说,他们从北冰洋中部靠近北极的罗蒙诺索夫海岭采集了428米厚的沉淀物,其中一

段5.6米厚的沉淀物具有特别重要的意义。这段沉淀物形成于1820万年前至1750万年前,分成颜色不同的三段,其最下层是黑色沉淀物,其中含有很多没有分解的有机物,这说明当时北冰洋底无法获得足够的氧来进行降解。

杰克逊说,从1820万年前开始,连接北冰洋和大西洋的费尔姆海峡(夹在格陵兰岛与斯瓦尔巴特群岛之间)开始变宽,"我们猜想(当时)淡水从北极水面流出,而较重的海水则从下面流入",这些缺氧的海水导致了黑色沉淀物的形成。

随着费尔姆海峡的扩张,海水开始从水面涌入北冰洋,它们吸收了氧气后才沉入水底,这样水底开始出现氧气和海洋生物,对应的沉淀物也变成了灰色。最后,北冰洋的淡水全换成了海水,在海底开始出现氧化铁、氧化锰以及海洋生物化石。

瑞典科学家说,他们还无法确定北冰洋形成的准确时间,不过这一过程可能经历了约75万年。

海与洋有什么区别呢

人们时常把包围在地球陆地周围占地球总面积71%的大片咸水水域叫做海洋。其实,海和洋不完全是一回事,它们为什么不同呢?

洋是海洋的中心部分,是海洋的主体。世界大洋的面积约占海洋面积的89%,大洋的水深一般在3000米以下,最深处可达10000米,太平洋的马里亚纳海沟深11022米,大洋离陆地遥远,不受陆地影响。它的水文和盐度变化不大,每个大洋都有自己独特的洋流和潮汐系统。大洋的水色蔚蓝,透明度大,水中杂质少。世界上有四个大洋,即太平洋、印度洋、大西洋、北冰洋。

海在洋的边缘，是大洋的附属部分。海的面积占海洋的11%，深度从几米到两三千米。海临近大陆，河流、气候和季节都会影响海水的温度、盐度、颜色和透明度。海又可以分为边缘海、内陆海和地中海。边缘海是海洋的边缘，临近大陆前沿，例如北海、波罗的海等。内陆海即位于大陆内部的海，如黑海、里海等。地中海是几个大陆之间的海，一般比内陆海深些，如位于亚、欧、非三洲之间的地中海。

海流是怎么形成的

海流又称洋流，是海水因热辐射、蒸发、降水、冷缩等而形成密度不同的水团，再加上风应力、地转偏向力、引潮力等作用而大规模相对稳定地流动，它是海水的普遍运动形式之一。海洋里有着许多海流，每条海流终年沿着比较固定的路线流动。它像人体的血液循环一样，把整个世界大洋联系在一起，使整个世界大洋得以保持其各种水文、化学要素的长期相对稳定。

海洋里那些比较大的海流，多是由强劲而稳定的风吹刮起来的。这种由风直接产生的海流叫做"风流海"，也有人叫做"漂流"。由于海水密度分布不均匀而产生的海水流动，称为"密度流"，也叫"梯度流"或"地转流"。海洋中最著名的海流是黑潮和湾流。

由于海水的连续性和不可压缩性，一个地方的海水流走了，相邻海区的海水也就流来补充，这样就产生了补偿流。补偿流既有水平方向的，也有垂直方向的。在海洋的大陆架范围或浅海处，由于海岸和海底摩擦显著，加上海流特别强等因素，便形成颇为复杂的大陆架环流、浅内海环流、海峡环流等浅海海流。

在研究海流的过程中，科学家们还常常按温度特性，将海流分为暖流

和寒流。还有一种是海水受月球、太阳引潮力而产生的水平流动现象,是同潮汐一起产生的潮流。

在科学技术日益发达的今天,已经可以利用海流选择航线、发电和捕鱼等。

为什么会形成潮汐

月球引力和离心力的合力是引起海水涨落的引潮力。地潮、海潮和气潮的原动力都是日、月对地球各处引力不同而引起的,三者之间互有影响。因月球距地球比太阳近,月球与太阳引潮力之比为11:5。对海洋而言,太阴潮比太阳潮显著。大洋底部地壳的弹性——塑性潮汐形变,会引起相应的海潮,即对海潮来说,存在着地潮效应的影响;而海潮引起的海水质量的

迁移,改变着地壳所承受的负载,使地壳发生可复的变曲。气潮在海潮之上,它作用于海面上引起其附加的振动,使海潮的变化更趋复杂。

潮汐是因地而异的,不同的地区常有不同的潮汐系统,它们都是从深海潮波获取能量,但具有各自独特的特征。尽管潮汐很复杂,但对任何地方的潮汐都可以进行准确预报。海洋潮汐从地球的旋转中获得能量,并在吸收能量过程中使地球旋转减慢。但是这种地球旋转的减慢在人的一生中是几乎觉察不出来的,而且也并不会由于潮汐能的开发利用而加快。只有出现大潮,能量集中时,并且在地理条件适于建造潮汐电站的地方,才有可能从潮汐中提取能量。虽然这样的场所并不是到处都有,但世界各国已选定了相当数量的适宜开发潮汐能的站址。

海浪是海水的波动现象吗

"无风三尺浪"的说法并没有错,事实上海上有风没风都会出现波浪。通常所说的海浪,是指海洋中由风产生的波浪,包括风浪、涌浪和近岸波。无风的海面也会出现涌浪和近岸波,这大概就是人们所说"无风三尺浪"的证据,但实际上它们是由别处的风引起的海浪传播来的。广义上的海浪,还包括天体引力、海底地震、火山爆发、塌陷滑坡、大气压力变化和海水密度分布不均等外力和内力作用下,形成的海啸、风暴潮和海洋内波等。它们都会引起海水的巨大波动,这是真正意义上的海上无风也起浪。

海浪是海面起伏形状的传播,是水质点离开平衡位置,作周期性振动,并向一定方向传播而形成的一种波动。水质点的振动能形成动能,海浪起伏能产生势能,这两种能的累计数量是惊人的。在全球海洋中,仅风浪和涌浪的总能量就相当于到达地球外侧太阳能量的一半。海浪的能量沿着海浪传播的方向滚滚向前。因而,海浪实际上又是能量的波形传播。海浪

波动周期从零点几秒到数小时以上,波高从几毫米到几十米,波长从几毫米到数千千米。

风浪、涌浪和近岸波的波高从几厘米到20余米,最大可达30米以上。风浪是海水受到风力作用而产生的波动,可同时出现许多高低长短不同的波。波面较陡,波长较短,波峰附近常有浪花或片片泡沫,传播方向与风向一致。一般而言,状态相同的风作用于海面时间越长,海域范围越大,风浪就越强;当风浪达到充分成长状态时,便不再继续增大。风浪离开风吹的区域后所形成的波浪称为涌浪。根据波高大小,通常将风浪分为10个等级,将涌浪分为5个等级。0级无浪无涌,海面水平如镜;5级大浪、6级巨浪,对应4级大涌,波高2~6米;7级狂浪、8级狂涛、9级怒涛,对应5级巨涌,波高6.1米到10多米。

海浪是海洋波动的运动形式之一。从海面到海洋内部,处处都存在着波动。大洋中如果海面宽广、风速大、风向稳定、吹刮时间长,海浪必定很强,如南北半球西风带的洋面上,常常浪涛滚滚;赤道无风带和南北半球副热带无风带海域,虽然水面开阔,但因风力微弱,风向不定,海浪一般都很小。

海洋是怎么划分的

地球上互相连通的广阔水域构成统一的世界海洋。根据海洋要素特点及形态特征,可将其分为主要部分和附属部分。主要部分为洋,附属部分为海、海湾和海峡。

洋或称大洋,是海洋的主体部分,一般远离大陆,面积广阔,约占海洋总面积的90.3%。其深度深,一般大于2000米。海洋要素如盐度、温强等不受大陆影响。另外,海洋具有独立的潮汐系统和强大的洋流系统。世界海洋通常被分为四大部分,即太平洋、大西洋、印度洋和北冰洋。各大洋的面积、容积和深度不同。太平洋是最大、最深的大洋,北冰洋是最小、最浅的大洋。

海是海洋的边缘部分,据国际水道测量局的材料,全世界共有54个海,其面积只占海洋总面积的9.7%。海的深度较浅,平均深度一般在2000米以内;其温度和盐度等海洋水文要素受大陆影响很大,并有明显的季节变化;没有独立的潮汐和海流系统,潮汐多由大洋传入,但潮汐涨落往往比大洋显著,海流有自己的环流形式。

按照海所处的位置可将其分为陆间海、内海和边缘海。陆间海是指位于大陆之间的海,面积和深度都较大,如地中海和加勒比海。内海是深入大陆内部的海,面积较小,其水文特征受周围大陆的强烈影响,如渤海和波罗的海等。边缘海位于大陆边缘,以半岛、岛屿或群岛与大洋分隔,如东海和日本海。

海湾是洋或海延伸进大陆且深度逐渐减少的水域,一般以入口处海角之间的连线或入口处的等深线作为与洋或海的分界。海湾中的海水可以与毗邻海洋自由沟通,故其海洋状况与邻近海洋很相似,但在海湾中常出现最大潮差,如我国杭州湾最大潮差可达6~8米。需要指出的是,由于历史上形成的习惯叫法,有些海和海湾的名称被混淆了,有的海叫成了湾,如波斯湾、墨西哥湾等;有的湾则被称作海,如阿拉伯海等。

海峡是两端连接海洋的狭窄水道。海峡最主要的特征是流急,特别是潮流速度大。海流有的上下分层流入、流出,如直布罗陀海峡。有的分左右侧流入或流出,如渤海海峡。由于海峡中往往受不同海区水团和环流的影响,故其海洋状况通常比较复杂。

为什么海洋气温会随时间变化

一天内气温一般有一个最高值和一个最低值。陆上最高值冬季出现在13~14时,夏季出现在14~15时,最低值出现在接近日出前。海洋上最高值出现的时间比大陆上早,在中午12时30分左右,最低值也出现在接近日出前。海洋上气温日变化的这一特点可以用空气直接吸收太阳辐射而增温的作用来解释。

一天中气温的最高值与最低值之差,称为气温日较差。气温日较差的大小和纬度、季节、地表性质、天气状况和海拔高度有密切关系。一般是,低纬度地区的气温日较差大于中、高纬,夏季大于冬季,内陆大于海洋(沙漠上的气温日较差最大),晴天大于阴雨天,海拔高度低处大于高处。

陆上气温日较差在热带地区平均为12℃,温带地区8~9℃,极地附近只有2℃;在中纬度地区气温日较差的季节变化明显,夏季平均为10~15℃,冬季为3~5℃。海洋上气温的日较差略大于洋面水温的日较差(通常小于0.4℃),仅为1.0～1.5℃。

月平均气温一年内也有一个最高值,一个最低值。在北半球,陆上最高值出现在7月,最低值出现在1月;南半球,陆上最高值出现在1月,最低值出现在7月。海洋上最高(最低)值出现的时间比陆地上迟一个月左右。

一年中月平均气温的最高值与最低值之差,称为气温的年较差。低纬地区,季节变化不明显,年较差很小;中高纬地区,季节变化明显,年较差较大;同一纬度上,陆上年较差大于海洋上;海拔高度越高,年较差越小。

值得注意的是,在赤道地区,气温的年较差很小。但一年中却出现了两个高值和两个低值,它们分别出现在春分、秋分和夏至、冬至前后。这是赤道地区在一年内接收太阳辐射能量的年变化造成的。春分、秋分太阳直射赤道,气温高;夏至、冬至太阳斜射赤道,气温低。气温的实际变化情况并不像上述的周期性变化那样简单,它的变化还时刻受着大气运动的影响。这种变化是非周期性的。例如,每当寒潮或冷空气影响时,气温便下降,过后气温又回升,而两次寒潮或冷空气活动之间的时间间隔是不等的。

实际的气温变化是周期性变化和非周期性变化共同影响的结果。不过,从总的趋势和大多数情况来看,周期性变化是主要的。

海平面平均温度的分布有什么不同

夏季的等温线较稀疏,冬季的则较密集。这与冬、夏季高、低纬之间地面所接收的太阳辐射差的不同有关。

在南半球,等温线大致与纬线平行;而在北半球,等温线不大与纬线平行,如1月欧亚大陆和北美大陆上的平均等温线凹向低纬,而太平洋和大西洋的等温线向高纬凸起,7月的情况正好相反。这是由于下垫面性质不同造成的。南半球下垫面比较均匀,热力性质差异小,故等温线基本呈纬向分布。而北半球海陆相间分布,下垫面很不均匀,热力性质差异大(夏季大陆为热源,海洋为冷源;冬季大陆为冷源,海洋为热源),故等温线不大与纬线平行,呈现如上所述的分布特点。

冬季北大西洋的等温线向北突出十分显著。这是墨西哥暖流造成的。位于60°N以北的挪威、瑞典,1月平均气温比同纬度的亚洲及北美东岸高10～15℃。在盛行西风的40°N左右,欧亚大陆西侧的大西洋海岸,由于海洋的影响,竟比受大陆冷空气团影响的亚洲东岸高20℃以上。此外,高大的高原和山脉能够阻挡冷空气的流动,也能影响气温的分布。例如,青藏高原能阻止寒潮冷空气向南流动,而使其向东流动;北美的洛基山、欧洲的阿尔卑斯山等均能使冷空气向东而不向南流动。

在南半球,不论冬夏,最低气温都在南极地区,而在北半球只有夏季的最低气温出现在极地地区。冬季北半球有两个冷极:一个在西伯利亚,1月平均气温-48℃以下;另一个在格陵兰,1月平均气温低于-40℃。地球上最冷的地方是南极,1957年在南极点附近测得-94.5℃的低温。在西伯利亚的奥伊米亚康地区曾测得最低气温为-73℃。

近赤道地区有一最高气温带,1月和7月的平均气温均高于25℃,这个高温带称为热赤道。热赤道有南北位移,其平均位置约在10°N附近。热赤道上的高温地区均位于大陆上。极端最高气温出现在15°N～40°N范围内的沙漠地区。在索马里的黎波里境内,曾测得63℃的高温记录。

海底峡谷是怎样形成的

神秘的海洋世界,面积达3.6亿平方千米,平均深度达3800米,海水的总体积约为13.7亿立方千米。由于被这样一块硕大无比的海水体积所遮盖,使人们无法观赏海底的奇观。随着科学的发展,探测海底的面貌已不再是一件困难的事,科学家利用卫星从太空上传回来的海水高度的数据,可以精确地把海底的真实面目呈现在我们面前。

其实,海底世界也像陆地一样,有绵延的群山和纵横交错的峡谷,有广袤的平原和深陷的盆地。海底峡谷一般横贯于大陆架和大陆斜坡,呈直线形,峡谷的两壁是阶梯状的陡壁,其横断面呈"V"字形。

海底峡谷的地势非常壮观。如恒河口到孟加拉国湾的海底峡谷,宽达7千米,深70米以上,长达1800多千米,一直潜入5000多米深的印度洋底。目前通过卫星探测到的海底峡谷已达几百个,它们宛若一条巨龙,尾巴留在大陆架,而龙头则探进了大洋底。海底峡谷的神秘奇异令人瞠目。在美国的加利福尼亚海岸附近,有一条深达1200米的海底峡谷,在这个峡谷地带,找不到任何生物。经科学家们探测研究,才发现了这条海底峡谷覆盖着一条厚厚的棕泥的"绒毯",那里没有一丝生物赖以存活的氧气,生物一旦进入此地,就会因缺氧而窒息死亡,成了地球上生命的真空地带,被称做"死谷"。

海底峡谷是怎样形成的呢?这个问题一直众说纷纭,有着几种解释。比较一致的说法是,海底峡谷是大陆坡上的沉积层在地震作用下顺大陆斜坡滑动时产生的沉积流的结果。在冰川时期,海平面显著下降,大陆架变成了大面积的浅水区,在风暴和浪潮的作用下,浅水区的泥沙被海浪搅拌起来,形成比重较大的沉积层,这种沉积层由于地震所产生的强大作用力,像一股巨大的激流,从大陆架流出,沿着大陆坡流到大洋底,而地壳活动的

频繁地带又多在大陆坡,地壳的断裂就形成了海底峡谷的雏形。强大的海底沉积流顺着海底裂缝滑动,经过漫长的岁月,形成了今天海底峡谷的面貌。海底峡谷产生的原因,目前还没有定论,科学家们还在进一步研究探讨,总有一天,会被彻底揭示出来。

大 陆 边 缘 是 怎 样 形 成 的

大陆边缘是指大陆与大洋盆地的边界地。包括大陆架、大陆坡、陆隆以及海沟等海底地貌——构造单元,平行于大陆——大洋边界延伸千余至万余千米,宽几十至几百千米。它现在分布于各大洋周围,在地质历史时期中分布在古大陆与已经消失的古大洋之间的边界地带。大陆边缘可分为被动大陆边缘和活动大陆边缘。

被动大陆边缘是由于大洋岩石圈的扩张而造成的由拉伸断裂所控制的宽阔的大陆边缘,又称稳定大陆边缘。其邻接的大陆和洋盆属同一板块,由大陆架、大陆坡和陆隆所构成,无海沟发育。它在大西洋周围最先被详细研究,故又称大西洋型大陆边缘。地貌上它以具有较宽的大陆架为特征,大陆架宽30～300千米,与大陆坡之间坡度转折点在极区深达600米,在赤道不超过100米。大陆坡坡度为0.2°～0.04°,其下为坡度略小于0.01°的宽80～500千米的陆隆。大陆架实际上是非常厚的巨大沉积体的表面,它们形成于稳定持续的沉降构造环境中,而且极少经受变形。大陆坡的坡脚沉积层厚达5千米,这是由于大陆坡的基底沉降,沉积物填入所形成的。大陆坡上分布有很多海底峡谷,它们把大陆坡的沉积物输至陆隆和深海盆地。陆隆主要由浊流和等深流的沉积楔所构成。被动型大陆边缘是最初大陆裂谷的所在地,因此有一系列阶梯状正断层和地堑地垒等伸展构造发育在沉积物和基底中。这种大陆边缘常常切断邻近的大陆上的较老的构造。主要分布在大西洋西侧、印度洋西北侧、澳大利亚周围、南极洲周围、白令海阿拉斯加大陆边缘、鄂霍茨克海的西伯利亚大陆边缘、日本海的西伯利亚和朝鲜大陆边缘、东海和南海的中国大陆边缘。

活动大陆边缘也称太平洋型大陆边缘、主动大陆边缘、汇聚大陆边缘等。其陆架狭窄,陆坡较陡,陆隆被深邃的海沟所取代。地形复杂,高差悬殊。与被动大陆边缘位于漂移着的大陆的后缘相反,活动大陆边缘是漂移大陆的前缘,属于板块俯冲边界,地震、火山活动频繁,构造运动强烈,主要分布在太平洋周缘、印度洋东北缘等地。它在太平洋周围表现最为显著,故又称太平洋型大陆边缘。大陆架比较狭窄,一般宽仅几十千米。海沟的两坡很陡,坡度达$5°\sim10°$,其中堆积着浊积物、硅质沉积、火山碎屑和滑塌堆积。由于大洋板块在海底处的俯冲作用,海沟及其附近的沉积物受到"铲刮"而强烈变形,形成叠瓦状逆掩断层和混杂堆积。海沟和与其伴生的岛弧或山弧所构成的沟弧系也是大洋板块向人陆板块俯冲的产物。

活动大陆边缘是地球上构造运动最活跃的地带,有最强烈的地震、火山活动和区域变质作用,也是地球上地形高差最大的地带、热流值变化最急剧的地带和有最显著的负重力异常带。通常认为,板块俯冲作用是造成这些特征和导致海沟、山系、弧后盆地发育的统一的深部根源。

海滨能给我们带来什么

海滨位于陆地与大海之间的前沿线,它更正式的说法是潮汐中间的地带。水的运动形成了海滨的界线,海浪打击的最高点是海滨的上界,它的下界是由低潮的最底线形成的。海滨是很多海洋生物栖息的地方,螃蟹是海滨最常见的东西,它是为数不多的穿过这一潮汐中间地带的生物之一。世界各地的海滨充满了特有的风韵,从轻轻的海风到肆虐的飓风,它们将

海滨的岩石雕刻得千姿百态。海浪也将一些海岸线冲刷得形态各异,澳大利亚著名的舵口和拱桥就是海浪在海滨留下的杰作。在蜿蜒曲折的海滨中,人类开始向海滨获取回报。

海底及海底以下埋藏着丰富的固体矿物,主要包括海滨砂矿和锰结核、海底热液矿等深海矿产。其中海滨砂矿广泛分布于沿海国家的滨海地带和大陆架。世界上已探明的海滨砂矿达数十种,主要包含金、铂、锡、钍、钛、锆、金刚石等金属和非金属。现在有30多个国家从事砂矿的勘探和开采。如美国开采海滨的钛铁矿、锆石矿、金砂矿等;斯里兰卡开采海滨锡砂矿;印度尼西亚和泰国锡砂矿开采水深已达40米以上;澳大利亚目前海滨砂矿的锆石和金红石产量分别占世界总产量的60%和90%;中国已探明的具有工业开采价值的砂矿达13种,主要有钛铁矿、锆石、独居石、金红石等。

海冰会给人类带来什么影响

海冰指直接由海水冻结而成的咸水冰,亦包括进入海洋中的大陆冰川(冰山和冰岛)、河冰及湖冰。咸水冰是固体冰和卤水(包括一些盐类结晶体)等组成的混合物,其盐度比海水低2‰~10‰,物理性质(如密度、比热、溶解热,蒸发潜热、热传导性及膨胀性)不同于淡水冰。海冰的抗压强度主要取决于海冰的盐度、温度和冰龄。通常新冰比老冰的抗压强度大,低盐度的海冰比高盐度的海冰抗压强度大,所以海冰不如淡水冰密度坚硬,在一般情况下海冰坚固程度约为淡水冰的75%,人在5厘米厚的河冰上面可以安全行走,而在海冰上面安全行走则要有7厘米厚的冰。当然,冰的温度愈低,抗压强度也愈大。

海冰可分为两类:

(1)固定冰。多分布在大陆沿岸或岛屿附近,与海岸、岛屿,甚至与海底冻结在一起。

(2)浮冰或冰山。随风、浪、流而漂移。海冰与海岸或海底冻结在一起的称为"固定冰";能随风、海流漂移的称为"浮冰"。海冰在冻结和融化过程中,会引起海况的变化;流冰会影响船舰航行和危害海上建筑物。

海冰其按形成和发展阶段分为:初生冰、尼罗冰、饼冰、初期冰、一年冰和多年冰。按运动状态分为固定冰和浮(流)冰。前者与海岸、岛屿或海底冻结在一起,多分布于沿岸或岛屿附近,其宽度可从海岸向外延伸数米至数百千米;后者自由漂浮于海面,随风、浪、海流而漂泊。海水具有显著的季节和年际变化。海冰对海洋水文要素的垂直分布、海水运动、海洋热状况及大洋底层水的形成有重要影响;对航运、建港也构成一定威胁。中国渤海和黄海北部,每年冬季皆有不同程度的结冰现象,且冰缘线与岸线平行。常年冰期3~4个月,盛冰期固定冰宽0.2~2千米。北部冰厚多为20

～40厘米,南部冰厚10～30厘米,对航行及海洋资源开发影响不大。

海冰是极地和高纬度海域所特有的海洋灾害。在北半球,海冰所在的范围具有显著的季节变化,以三四月份最大,此后便开始缩小,到八九月份最小。

北冰洋几乎终年被冰覆盖,冬季(2月)约覆盖洋面的84%。夏季(9月)覆盖率也有54%。因北冰洋四周被大陆包围着,流冰受到陆地的阻挡,容易叠加拥挤在一起,形成冰丘和冰脊。在北极海域里,冰丘约占40%。

北冰洋的白令海、鄂霍次克海和日本海,冬季都有海冰生成;大西洋与北冰洋畅通,海冰更盛。在格陵兰南部,以及戴维斯海峡和纽芬兰的东南部都有海冰的踪迹,其中格陵兰和纽芬兰附近是北半球冰山最活跃的海区。

南极洲是世界上最大的天然冰库,全球冰雪总量的90%以上储藏在这里。南大洋上的海冰,不同于格陵兰冰原上的冰,也不同于南极大陆的冰盖,只有环绕南极的边缘海区和威得尔海,才存在着南大洋多年性海冰。在冬半年(4～11月),一二米厚的大块浮冰不规则地向北扩展,把南纬40°

以南的南大洋覆盖了1/3。南极洲附近的冰山,是南极大陆周围的冰川断裂入海而成的。出现在南半球水域里的冰山,要比北半球出现的冰山大得多,长宽往往有几百千米,高几百米,犹如一座冰岛。

海洋的海腥味是怎么产生的

生活在海边或者是去海边旅游的人会闻听一股海腥味。那么,这股海腥是怎么产生的呢? 英国的研究人员说,他们找到了某些能够产生海腥味气体的海洋微生物基因。

科学家此前知道,海洋生物死亡的地方往往可以找到一些细菌。这些微生物以海洋生物腐烂后的残渣为食物,将这些残渣分解,产生二甲基硫醚气体。二甲基硫醚又名甲硫醚或二甲硫,就是它产生了带有独特腥味的海洋气息。英国东英吉利大学研究人员安德鲁·约翰斯顿说,虽然科学家早就知道许多微生物(细菌)能够制造二甲基硫醚,但却从来没人想到要问它们究竟如何制造,他领导的研究小组就要揭开这一谜团。

约翰斯顿研究小组从英国一些海滨湿地提取了淤泥样本,从中分离出一种能够制造二甲基硫醚的新微生物。通过对这种微生物进行基因测序,并与其他已知能够制造二甲基硫醚的微生物基因序列加以比较,确定了与二甲基硫醚产生相关的基因。

研究人员原本以为只是一种酶控制着二甲基硫醚的产生,但研究结果却表明,这些微生物中控制二甲基硫醚制造过程的机制居然有"开关"。只有在它们身边出现海洋生物腐烂的残渣时,制造海洋气息的"开关"才会打开。

约翰斯顿说,这项研究的意义在于,大海上每年都会产生大量的二甲基硫醚,这种气体能够影响海面上空云的形成,进而能够对地球气候产生

影响。

一些海鸟也依赖二甲基硫醚作为寻找食物的线索。约翰斯顿在野外工作中就曾因为打开装有能够制造二甲基硫醚的细菌的瓶子,结果招来一群饥饿的海鸟。

海啸是怎么产生的

水下地震、火山爆发或水下塌陷和滑坡等大地活动都可能引起海啸。当地震发生于海底,因震波的动力而引起海水剧烈的起伏,形成强大的波浪,向前推进,将沿海地带——淹没的灾害,被称为海啸。

海啸可分为4种类型,即由气象变化引起的风暴潮、火山爆发引起的火山海啸、海底滑坡引起的滑坡海啸和海底地震引起的地震海啸。

由地震引起的波动与海面上的海浪不同,一般海浪只在一定深度的水

层波动,而地震所引起的水体波动是从海面到海底整个水层的起伏。此外,海底火山爆发、土崩及人为的水底核爆也能造成海啸。此外,陨石撞击也会造成海啸,"水墙"可达百尺。而且陨石造成的海啸在任何水域都有机会发生,不一定在地震带。不过陨石造成的海啸可能千年才会发生一次。

海啸同风产生的浪或潮是有很大差异的。微风吹过海洋,泛起相对较短的波浪,相应产生的水流仅限于浅层水体。猛烈的大风能够在辽阔的海洋卷起高度3米以上的海浪,但不能撼动深处的水。而潮汐每天席卷全球两次,它产生的海流跟海啸一样能深入海洋底部,但是海啸并非由月亮或太阳的引力引起,它由海下地震推动所产生,或由火山爆发、陨星撞击、水下滑坡所产生。海啸波浪在深海的速度能够超过每小时700千米,可轻松地与波音747飞机保持同步。虽然速度快,但在深水中海啸并不危险,以致这种波浪通常在深水中不经意间就过去了。海啸是静悄悄地不知不觉地通过海洋,然而如果出现在浅水中它会达到灾难性的高度。

风暴潮是怎么引起的

风暴潮是一种灾害性的自然现象。由于剧烈的大气扰动,如强风和气压骤变(通常指台风和温带气旋等灾害性天气系统)导致海水异常升降,使受其影响的海区的潮位大大地超过平常潮位的现象,称为风暴潮。又可称"风暴增水"、"风暴海啸"、"气象海啸"或"风潮"。

在我国历史文献中,风暴潮又多称为"海溢"、"海侵"、"海啸"及"大海潮"等,把风暴潮灾害称为"潮灾"。风暴潮的空间范围一般由几十千米至上千千米,时间尺度或周期为1~100小时,介于地震海啸和低频天文潮波之间。但有时风暴潮影响区域随大气扰动因子的移动而移动,因而有时一次风暴潮过程可影响一两千千米的海岸区域,影响时间多达数天之久。

国内外学者较多按照诱发风暴潮的大气扰动特性,把风暴潮分为由热带气旋所引起的台风风暴潮(或称热带风暴风暴潮,在北美称为飓风风暴潮,在印度洋沿岸称为热带气旋风暴潮)和由温带气旋等温带天气系统所引起的温带风暴潮两大类。

我国是世界上两类风暴潮灾害都非常严重的少数国家之一,风暴潮灾害一年四季均可发生,从南到北所有沿岸均无幸免。

风暴潮能否成灾,在很大程度上取决于其最大风暴潮位是否与天文潮高潮相叠,尤其是与天文大潮期的高潮相叠。当然,也决定于受灾地区的地理位置、海岸形状、岸上及海底地形,尤其是滨海地区的社会及经济(承灾体)情况。如果最大风暴潮位恰与天文大潮的高潮相叠,则会导致发生特大潮灾,如8923号和9216号台风风暴潮。1992年8月28日至9月1日,受第16号强热带风暴和天文大潮的共同影响,我国东部沿海发生了1949年以来影响范围最广、损失非常严重的一次风暴潮灾害。潮灾先后波及福建、浙江、上海、江苏、山东、天津、河北和辽宁等省市。风暴潮、巨浪、大风、大雨的综合影响,使南自福建东山岛,北到辽宁省沿海的近万千米的海岸线,遭受到不同程度的袭击。受灾人口达2000多万,死亡194人,毁坏海堤1170千米,受灾农田193.3万公顷,成灾33.3万公顷,直接经济损失90多亿元。

当然,如果风暴潮位非常高,虽然未遇天文大潮或高潮,也会造成严重潮灾。8007号台风风暴潮就属于这种情况。当时正逢天文潮平潮,由于出现了5.94米的特高风暴潮位,仍造成了严重风暴潮灾害。依国内外风暴潮专家的意见,一般把风暴潮灾害划分为四个等级,即特大潮灾、严重潮灾、较大潮灾和轻度潮灾。

为什么赤潮被喻为"红色幽灵"

赤潮,被喻为"红色幽灵",国际上也称其为"有害藻华"。赤潮又称红潮,是海洋生态系统中的一种异常现象。它是由海藻家族中的赤潮藻在特定环境条件下爆发性地增殖造成的。海藻是一个庞大的家族,除了一些大型海藻外,很多都是非常微小的植物,有的是单细胞植物。根据引发赤潮的生物种类和数量的不同,海水有时也呈现黄、绿、褐色等不同颜色。

赤潮发生后,除海水变成红色外,还有其他一些现象:

一是大量赤潮生物集聚于鱼类的鳃部,使鱼类因缺氧而窒息死亡;

二是赤潮生物死亡后,藻体在分解过程中大量消耗水中的溶解氧,导致鱼类及其他海洋生物因缺氧死亡,同时还会释放出大量有害气体和毒素,严重污染海洋环境,使海洋的正常生态系统遭到严重的破坏;

三是鱼类吞食大量有毒藻类。

同时海水的pH值也会升高,黏稠度增加,非赤潮藻类的浮游生物会死亡、衰减;赤潮藻也因爆发性增殖、过度聚集而大量死亡。

赤潮是在特定环境条件下产生的,相关因素很多,但其中一个极其重要的因素是海洋污染。大量含有各种含氮有机物的废污水排入海水中,促使海水富营养化,这是赤潮藻类能够大量繁殖的重要物质基础。国内外大量研究表明,海洋浮游藻是引发赤潮的主要生物,在全世界4000多种海洋浮游藻中有260多种能形成赤潮,其中有70多种能产生毒素。他们分泌的毒素有些可直接导致海洋生物大量死亡,有些甚至可以通过食物链传递,造成人类食物中毒。

海洋是一种生物与环境、生物与生物之间相互依存、相互制约的复杂生态系统。系统中的物质循环、能量流动都是处于相对稳定、动态平衡的。当赤潮发生时这种平衡遭到干扰和破坏。在植物性赤潮发生初期,由于植

物的光合作用,水体会出现高叶绿素、高溶解氧、高化学耗氧量。这种环境因素的改变,致使一些海洋生物不能正常生长、发育、繁殖,导致一些生物逃避甚至死亡,破坏了原有的生态平衡。

目前,世界上已有30多个国家和地区不同程度地受到过赤潮的危害,日本是受害最严重的国家之一。近十几年来,由于海洋污染日益加剧,我国赤潮灾害也有加重的趋势,由分散的少数海域,发展到成片海域,一些重要的养殖基地受害尤重。对赤潮的发生、危害予以研究和防治,涉及生物海洋学、化学海洋学、物理海洋学和环境海洋学等多种学科,是一项复杂的系统工程。

灾害性海浪给我们带来了什么危害

海浪是指由风产生的海面波动,其周期为0.5～25秒,波长为几十厘米至几百米,一般波高为几厘米至20米,在罕见的情况下,波高可达30米。由强烈大气扰动,如热带气旋(台风、飓风)、温带气旋和强冷空气大风等引起的海浪,在海上常能掀翻船只,摧毁海上工程和海岸工程,造成巨大灾害。我们把这种海浪称为灾害性海浪。有些学者还把这种能导致发生灾害的海浪称为风暴浪或飓风浪。

一般讲,在海上或岸边能引起灾害损失的海浪叫灾害性海浪。但实际上,很难规定什么样的海浪属于灾害性海浪。对于抗风抗浪能力极差的小型渔船、小型游艇等,波高2～3米的海浪就构成威胁。而这样的海浪对于千吨以上的海轮则不会有危险。结合我国的实际情况,在近岸海域活动的多数船舶对于波高3米以上的海浪已感到有相当的危险。对于适合近、中海活动的船舶,波高大于6米甚至波高4～5米的巨浪也已构成威胁。而对于在大洋航行的巨轮,则只有波高7～8米的狂浪和波高超过9米的狂涛才是危险的。我们这里的灾害性海浪是指海上波高达6米以上的海浪,即国际波级表中"狂浪"以上的海浪。对其造成的灾害称为海浪灾害或巨浪灾害。通常,6米以上波高的海浪对航行在海洋上的绝大多数船只已构成威胁。

灾害性海浪在近海常能掀翻船舶,摧毁海上工程,给海上航行、海上施工、海上军事活动、渔业捕捞等带来危害。在岸边不仅冲击摧毁沿海的堤岸、海塘、码头和各类构筑物,还伴随风暴潮,沉损船只、席卷人畜,并致使大片农作物受淹和各种水产养殖珍品受损。海浪所导致的泥沙运动使海港和航道淤塞。灾害性海浪到了近海和岸边,对海岸的压力可达到每平方米30～50吨。据记载,在一次大风暴中,巨浪曾把1370吨重的混凝土块移动了10米,20吨的重物也被它从4米深的海底抛到了岸上。巨浪冲击海岸能激起60～70米高的水柱。

海洋生物篇

海洋植物都包括什么

　　海洋植物是海洋中利用叶绿素进行光合作用以生产有机物的自养型生物。从低等的无真细胞核藻类到高等的种子植物,门类甚广,共13个门,1万多种。其中硅藻门最多,达6000种;原绿藻门最少,只有1种。海洋植物以藻类为主。海洋藻类是简单的光合营养的有机体,其形态构造、生活样式和演化过程均较复杂,介于光合细菌和维管束植物之间,在生物的起源和进化上占很重要的地位。海洋种子植物的种类不多,只知有130种,都属于被子植物。可分为红树植物和海草两类。它们和栖居其中的其他生物,组成了海洋沿岸的生物群落。

　　海藻是海洋植物的主体,是人类的一大自然财富,目前可用作食品的海洋藻类有100多种。科学家们根据海藻的生活习性,把海藻分为浮游藻和底栖藻两大类型。

　　蓝藻、硅藻、甲藻、金藻和部分单细胞的绿藻,很多是海洋动物如甲壳类、贝类、海参、梭鱼、锚鱼和鲸类的饵料,对海洋动物的增养繁殖具有重要的作用。中国沿海常见的蓝藻约200多种,藻体具有胶质,蓝绿色或墨绿色,比较黏滑。红藻约500余种,多数呈红色、暗红色或紫红色,经济价值比较大,资源比较丰富,中国沿海比较常见的约250余种。有些种类已经进行人工养殖,如:红毛菜、紫菜、麒麟菜等,都是人们喜爱的食品;石花菜、琼枝、江篱、角叉菜、凝花菜等是琼胶和卡拉胶等医学和食品工业的原料;表面具有碳酸钙包被、外型像珊瑚似的石枝藻、鹧鸪菜和海人草等都是医药工业的主要原料。褐藻约300余种,中国沿海比较常见、经济价值比较大、资源比较丰富的约有150余种。目前已进行人工养殖的海带、裙带菜、羊栖菜,都是褐藻胶、甘露醇、碘和氯化钙的主要工业原料,又是人们喜爱的食品,这类褐藻主要生长在黄渤海和东海沿岸。马尾藻是自然资源丰富、种类最多、经济价值很大的一类褐藻,主要产于中国南海。

爱尔兰人历史上也有过依赖红藻、绿藻度过饥荒年的记载。西方国家食用海藻的习惯不如东方国家普遍。一位西方国家的海洋学家曾发出感叹:中国人、日本人食用海藻就像美国人、英国人吃西红柿一样普遍。他希望有一天,西方人也像东方人那样养成食用海藻的习惯。

海洋种子植物种类较少,主要生长在低潮带石沼中或潮下带岩石上,常见的有大叶藻、红须根虾形藻和盐沼菜,都是重要的经济种类,主要用于造纸和建材工业。

海洋生物具有抗癌作用吗

在我国,海洋药物学家们已经发现在叶托马尾藻、铁钉菜和蓝斑背肛海兔等3种海洋生物中,含有多种具抗癌活性的化合物。

我国科研人员的这一发现,是3年艰苦努力的结果。研究人员从我国东南沿海数十个海港、上百个岛屿,采集300多份标本进行抗肿瘤药物成分的筛选,发现属于15个科23种的海洋生物,具有不同程度的抗肿瘤活性。其中,叶托马尾藻、铁钉菜和蓝斑背肛海兔的抗癌活性,比另外20种海洋生

物更为明显。

　　经试验表明,经过鉴定的56种化合物绝大部分有显著的抗肿瘤活性,为我国研究新的抗肿瘤药物,如抗甲状腺肿瘤、喉癌、淋巴瘤等的药物,提供了有价值的先导化合物,同时为进一步开发利用海洋生物提供了科学依据。

为什么珊瑚会褪色

　　在澳大利亚的布里斯班港,那里的珊瑚五光十色,非常壮观。红的、粉的、紫的、绿的、黄的……五颜六色的珊瑚有的像一窝蜂巢,有的像孔雀开屏,有的像一丛鹿角。龙虾、海蟹、海龟、海鳗以及各种贝类都喜欢在珊瑚丛中漫游繁衍。这种美丽的生物把整个海底打扮得美丽异常。可是大约100年后,五彩斑斓的珊瑚将从我们这个星球上彻底消失。珊瑚为什么会失去色彩,为什么会患上“白化病”呢?

　　珊瑚礁在地球上所占的位置非常重要。作为海洋生态生物链中的一环，珊瑚如果消失，那么所有依赖其生存的生物都会受到影响，最后很可能发展到威胁整个海洋生物系统。科学家们迫切需要搞清楚珊瑚失去色彩的原因。

　　原来，海洋中生活着一种叫做珊瑚虫的生物。这种腔肠动物附着在海底的礁石上，与一些五颜六色的藻类共生。藻类通过光合作用生成营养物质，并将其提供给珊瑚，这同时也是珊瑚形成外骨骼的原料和形成美丽颜色的来源。比如，与绿藻共生的珊瑚就呈现出漂亮的绿色。作为"交换"，珊瑚虫提供生活的场所给共生的藻类。假如与珊瑚虫共生的藻类弃珊瑚虫而去，珊瑚虫就会因为失去营养物质的来源而死去。而失去共生藻类的颜色点缀，珊瑚当然也就会变成白色了。

　　一位研究生态气候学的专家加西亚说："珊瑚出现白化病，都是由于海水温度升高引起的。"由于目前大气中二氧化碳含量过高，地球气候越来越暖，而海水温度也随之升高，就迫使与珊瑚共生的藻类不得不离开珊瑚虫。

　　人类要想制止珊瑚白化现象的蔓延，就必须控制海水温度的升高，降低空气中二氧化碳的含量。为了不让地球成为一个无色的星球，让我们所有的人都从点滴做起，去爱护和保护整个地球家园的生态平衡。

藻类是如何进化的

　　就在地球孕育最原始生命的时候，海洋里有一种只有用显微镜才能看见的藻类，它代表着典型的植物细胞。这种藻类植物细胞体内含有叶绿素，并用它来进行光合作用，也就是说，这种藻类身上含的叶绿素能利用太阳能量将二氧化碳和水转变为紧贴在它细胞膜上的糖。细胞膜含纤维素，既厚又硬。它排出一种专门的微小细胞——孢子，长着一根纤毛，而这根

纤毛使它能够在水中游动。

以上的结论是人们从化石,特别是通过直接观察小藻类而推断出来的。藻类的叶绿素制造出极少量的淀粉,但是它并没有被一层厚膜包围,它也不会失去鞭毛;而成熟的藻类以及其他一切植物却会失去活动性。此外,由于藻类的孢子上有沟纹(一种坑穴),于是一种被称为多甲藻属的孢子被人们认为是它长着的一张"嘴",事实上这张嘴毫无用处。数十亿年以来,藻类始终存在,这就是使我们发现在某些情况下,藻类的孢子永远不会成年,直到今天还不会成年的原因。人们仅仅能够观察到不会成年的孢子。由于有鞭毛,多甲藻属能在海里游来游去,因为有奇怪的假嘴,能够活动,它就有了动物的外表,看上去像动物一样。

而且孢子上的这张嘴是一直存在的,甚至还存在第三个创造物——十分奇怪的裸甲藻属:同样的孢子,长着同样的纤毛,同样的嘴,但含有更多的叶绿素,所以可能会发生更多的光合作用。但它们进行的光合作用不可能制造糖,因而细胞不得不从外部坚硬的猎获物中汲取营养。这时,这张出现在第二种形状中的神奇的嘴变成了一张名副其实的嘴,如同动物一样是十分有用的。

动物就是因为有这张嘴,使它可以吞食其他形式的生命,而不像植物那样靠光和水吸取养料。今天,多甲藻科类的这三个阶段被保存了下来。我们现在还可以在植物和动物之间找到一些奇怪的生命形式,如海绵。海绵是一种动物。简单地说,只是多细胞的粗糙动物。它甚至算不上一种真正的机体,而是非专业细胞的群体,但它肯定不是一种植物。

细胞是同性繁殖,而死亡与性欲相伴而行,因此单个的消失将确保种类的幸存,无性繁殖系本身是永存的,每个细胞一分为二,并继续下去,这是蓝藻类的繁殖方式。实际上,这涉及含叶绿素的细菌。因此,细菌是多甲藻科类完整的有核细胞的前身。

被称为蓝藻类的东西就是以上提到的绿色小细菌,它是最早的植物。

人们也称它为蓝细菌，即蓝色的细菌。它含有叶绿素，可能比不含叶绿素的细菌早出现。但是，人们掌握的有关35亿年前发生的事是很模糊不清的，唯一可以肯定的是，蓝藻类是很久远的，在生命历史的头20亿年期间占主导地位。

为什么巨藻会被称为水下森林的"怪蛇"

在加拿大、美国、墨西哥、澳大利亚和新西兰这些国家的浅海里航行时，时时可见到长达百米的怪物，颜色墨绿，外形像蛇，称之为"怪蛇"。

其实，那根本不是什么怪蛇，而是一种巨大的海藻——巨藻。这种海藻不同于一般的海藻，身体特别大，它专门生活在7～30米水深的海区。巨藻与海高等植物不同，没有真正的根、茎、叶，它只借助于基部的假根固着在海底岩石或其他物体上。假根往上便是一根长长的"茎"了，"茎"弯弯曲曲，非常柔韧，直径只有1～2厘米，上面长有许许多多的假叶，每隔10～15厘米就有一片。每片假叶宽10厘米，长1米以上，基部都有一个气囊。每个气囊的直径约有2.5厘米，里面充满了空气，活像一个个打足了气的小皮球。巨藻依仗成千上万个这样的小皮球，漂浮在海水中。假根处长出的"茎"，起初是直立的。从假叶着生的地方，直到"茎"的末尾，弯弯曲曲，随浪摆动，活像一条可恶的海蛇。

巨藻是海洋中生长最快、身体最长最大的植物，一般长度为100米，有的可达300～400米，最长的有500米以上。它的身高在20米以上，最高的有50米，体重达几百千克。巨藻是一种多年生冷水性植物，每年老"叶"死去，新"叶"重生，它的寿命为8～10年，最长可达12年之久。

巨藻的再生能力特别强，每隔2～3个月就可收获一次。割去一茬之后，又可迅速生长，一年可收割多次，不需要再种植。产量极高，如按每公顷种植1000株计算,年产量可达750～1200吨,巨藻的产量为海带的50～60倍。巨藻资源丰富的墨西哥,年产量为2万多吨,最高时可达2.9万吨。美国的加利福尼亚州,每年可收割10万吨巨藻。澳大利亚的塔斯马尼亚岛,每年可收割巨藻35.5万吨。

巨藻的经济价值非常高,用途很广。据分析,巨藻体内含有9.2%的蛋白质,18种氨基酸,多种维生素,如维生素A、B1、B2、C,还有不少含钾化合物和一些微量元素,人们可以从巨藻中提纯钾和褐藻酸盐。褐藻酸盐的用途很大,它是重要的工业原料,可用于造纸、纺织、金属加工等工业。美国使用的褐藻酸盐主要是从巨藻中提取的。

更为值得注意的是,巨藻经磨碎、细菌发酵以后,可以用来提取沼气。用这种方法生产的沼气,要比凿井法制造沼气的成本低,而且污染也小。这一举世瞩目的新发现,引起了美国科学家的极大兴趣。有人估计,在不久的将来,巨藻很可能跟煤和石油并肩媲美,成为一种物美价廉的新型绿色能源。美国的"海洋粮食与能量计划"研究机构于1974年已建立了一个试验性的巨藻养殖场,对收割下来的巨藻进行加工,每年大约可得10万立方米的沼气。因此,美国有关方面乐观地估计,这一绿色能源具有诱人的前景。科学家们指出,假如把相当于美国陆地面积5%的海域用来种植巨藻,那么,它可能满足全美国对沼气的需要。

巨藻除了作为工业原料之外,它还是治疗妇女产后贫血的良药和家禽的可口食物。在亚洲的若干地区,巨藻还是一种重要的食物。

此外,生长繁茂的巨藻还可以大大减弱海浪的冲击力量,保护海岸和码头。它还可以把船舶从漩涡中解救出来,避免灾难性的事故发生。

为什么马尾藻海会行踪不定呢

马尾藻海位于北大西洋环流中心的美国东部海区,约有2000海里长、1000海里宽,如果把北大西洋环流比喻成车轮,那么马尾藻海就是这个车轮上的轮毂。

1492年9月16日,当哥伦布的探险船队正行驶在一望无际的大西洋上时,忽然,船上的人们看到在前方有一片绵延数千米的绿色的"草原"。哥伦布欣喜若狂,以为印度就在眼前。于是,他们开足马力驶向那片"草原"。当哥伦布一行人驶近草原时,不禁大失所望,原来,那"草原"却是一望无际的海藻,即今天的马尾藻海。

马尾藻海有"海上坟地"和"魔海"之称。这是因为许多经过这里的船只,不小心被这些海藻缠绕,无法脱身,致使船上的船员因没有食品和淡水,又得不到救助,最后饥饿而死。

马尾藻海一年四季风平浪静,海流微弱,各个水层之间的海水几乎不

发生混合,所以这里的浅水层的营养物质更新速度极慢,因而靠此为生的浮游生物也是少之又少,只有其他海区的1/3。这样一来,那些以浮游生物为食的大型鱼类和海兽几乎绝迹,即使有,也同其他海区的外形、颜色不同。相反,这里却成为马尾藻的"天堂",上百万吨的马尾藻肆意在这里生长,形成了一片辽阔的"海上大草原"。

马尾藻海除了蔚为壮观的"海上草原"之外,还有许许多多令人费解的自然现象。马尾藻海位于大西洋中部,形状如同一座透镜状的液体小山。强大的北大西洋环流像一堵旋转的坚固墙壁,把马尾藻海从浩瀚的大西洋中隔离出来。因此,由于受海流和风的作用,较轻的海水向海区中部堆积,马尾藻海中部的海平面要比美国大西洋沿岸的海平面平均高出1米。

最令人称奇的是,这里的马尾藻并不是原地不动,而是像长了腿似的时隐时现,漂泊不停。一些经常来往于这一海区的科学家经常会遇到这样的怪事:他们有时会见到一大片绿色的马尾藻,然而过了一段时间,却不见它们的踪影了。在这片既无风浪又无海流的海区,究竟是何种原因使这片海上的大草原漂泊不定呢? 这至今仍是个谜。

为什么海带会被称为海洋里的"庄稼"

某些高原山区,有不少妇女和青少年得了大脖子病,后来经过"海洋大夫"的一段治疗,脖子慢慢见细,又恢复了原状。

说来也怪,这个"海洋大夫"不是别人,而是海带,海带是专治大脖子病(地方性甲状腺肿)的。原来海拔很高的山区,当地的食物中缺少碘。碘是人体内合成甲状腺素不可缺少的原料,如果人们的饮食里长期缺碘,那么,甲状腺素的合成就成问题,出现甲状腺肿大。海带中含有大量的碘,病人吃了海带以后,可以大量补充体内的碘,大脖子病就会慢慢痊愈。这位"海洋大夫"治疗大脖子病的绝招就在于此。

更为引人注目的是,海带还有一定的抗癌能力。日本北里大学教授山西一郎在日本海藻研究会作了《海带治癌的研究报告》,认为海带中含有一种特殊的多糖体,有一定的抗癌能力,这种多糖体对肠癌特别有效。

海带在为人类治疗疾病方面,除了常被用来治疗地方性甲状腺肿以外,还有其他方面的贡献。近年来国内外还利用海带来提取降压药物,这种降压物名叫褐藻氨酸,其含量甚微,只占海带重量的十万分之七左右。人们还用海带提取褐藻胶,作为抗凝剂、止血剂和血浆代用品。褐藻胶还有阻止生物肠胃对放射性锶的吸收作用。由此可见,海带是位名副其实的"海洋大夫"。

在藻类植物中,海带跟巨藻一样同属于褐藻。海带跟巨藻相比,身体短多了。它的身体一般只有2~4米长,最长的可达5~6米;宽20~30厘米,最宽的有50厘米。海带全身褐色。它的身体可分为三部分,它的假根有分枝,借以固着在海底的礁石上。假根向上伸出一条粗短圆柱形或扁圆形的柄。柄往上便是宽大的长带状叶片,叶片呈革质。幼小的海带叶面平滑,上面有凹凸现象,长成的海带,叶片平直宽厚。刚从海水中采到的海带,用手摸摸它的叶片,有一种黏滑的感觉,叶面的这种黏液有保护藻体的作用。

海带是依靠孢子繁殖后代的,一根成熟的海带,可以产生数以亿计的孢子,所以,它繁殖得相当快。在自然生长的情况下,海带是横跨3年的二年生海藻。在人工养殖的情况下,它的生活期缩短了,变成了跨越2年的一年生海藻。一般

第一年秋天育苗到第二年秋天就成熟,孢子散发出之后,就死去了。

海带本性喜寒,属于冷温带性海藻,它生活在寒海或有寒流的暖海里,都是在北半球范围以内,但以寒带为最多。海带正常生长的海水温度,一般不超过20℃。海带的老家是日本的北海道,它的子孙遍布太平洋沿岸、苏联亚洲部分的勘察加东南岸、日本的北海道和朝鲜元山以北海岸。过去,我国只有北方的辽东和山东两个半岛的海区有自然生长的海带。后来,我国从日本引种海带,开展大规模人工养殖,现在,海带的人工养殖区域不断向南延伸。目前,北起辽宁,南至浙江、福建,以至广东省的汕头地区,都有人工养殖的海带。我国海带的产量很高,占全国海水养殖总量的60%以上。经人工养殖的海带,已改变了原有的生长方式,它们的假根朝上,叶片冲下,倒立而长。这样倒着生长的海带,便于收获。

海带的用途很广,除了作药用以外,它还是人们喜爱的食品。我们平常食用的海带,是它的干制品。我国劳动人民利用海带,大约已有1500年的历史了。

海带所以被人们当做蔬菜食用,因为它有极高的营养价值,据有关部门研究分析,每100克干海带的营养成分为:胡萝卜素0.57毫克,维生素$B_1$0.09毫克,维生素$B_2$0.36毫克,尼克酸1.6毫克,蛋白质8.2克,脂肪0.1克,糖5克,粗纤维9.8克,无机盐12.9克,钙1.17克,铁0.15克,若与营养价值很高的菠菜、油菜相比,海带的蛋白质、糖、钙、铁的含量,要超出几倍甚至几十倍。

海带还是极为重要的工业原料。从海带中提取到的褐藻胶和甘露醇,被广泛地应用在食品工业、纺织印染工业、橡胶工业和造纸工业上。从海带中提取的碘,是一种重要的国防工业原料,在火箭燃料和高纯度的半导体材料中都离不了它。

海洋动物包括哪些类别

海洋动物是海洋中异养型生物的总称。门类繁多,各门类的形态结构和生理特点可以有很大差异,以摄食植物、微生物和其他动物及其碎屑有机龟质为生。估计有16～20万种,微小的有单细胞原生动物,大的有长可超过30米、重可超过190吨的蓝鲸。全球海洋的水体及其上空,从海上至海底,从岸边或潮间带至最深的海沟底,都有海洋动物。

海洋动物可分为海洋无脊椎动物、海洋原索动物和海洋脊椎动物等三类:

(1)海洋无脊椎动物。占海洋动物的绝大多数,门类最为繁多。主要有原生动物、海绵动物、腔肠动物、扁形动物、纽形动物、线形动物、环节动物、软体动物、节肢动物、腕足动物、毛颚动物、须腕动物、棘皮动物和半索动物等。

(2)海洋原索动物。海洋中介乎脊椎动物与无脊椎动物之间的动物。包括尾索动物和头索动物等。

(3)海洋脊椎动物。包括依赖海洋而生的鱼类、爬行类、鸟类和哺乳类动物。

在许多大洋区,海流将营养丰富的深层海水带到浅层,使海洋浅层带增加了鱼类产量。在海底生活的底栖动物,包括固着动物,如海绵、腔肠动物、管沙蚕等;运动动物,如甲壳类、贻贝、各种环节动物、棘皮动物等。

珊瑚动物在热带海洋发展最充分。珊瑚礁是由大量建礁动物和植物的白垩质骨骼物质(特别是珊瑚和苔藓虫)沉积而成的。在珊瑚礁环境中动物最密集且最多样化。

为什么有的叫"鱼"却并不是鱼

全世界约有鱼类24000种,其中2/3为海产鱼类,通常以骨骼性质区分为软骨鱼系和硬骨鱼系。这些鱼的特征是:体多呈纺锤形,常披覆真皮鳞片,具奇鳍或成对偶鳍,挥鳍击水,运动十分灵便;呼吸器官是鳃,只能在水中进行气体交换,一旦离开水,鳃便粘连成丛,使鱼窒息而死;具上下颌和真正牙齿,捕食积极、主动;体内有一条脊柱骨,终生水生,是变温动物。

在我们生活当中,有许多叫"鱼"的鱼,其实并不具备上述特征,因此都不是鱼。

(1)桃花鱼。每当春季来临,桃花盛开的时候,在长江流域诸省,淡水中常常出现一团团、一簇簇略显淡红色的水母,颇似落水中的桃花瓣,于是人们将它们定名为"桃花鱼"。水母是典型的腔肠动物,和鱼相差十万八千里,这只能说是人们的习惯叫法而已。

(2)鲍鱼。在岩石林立、藻类丛生的浅海海底,栖息着一种主食藻类的动物——鲍鱼。它身体柔软,体外有螺旋形外壳,似一个大耳。头部有一对细长触角和一对栖眼,口内具齿舌,体腹面有宽厚肉足,能在岩石上缓慢爬行。鲍是一种贝类,隶属软体动物腹足纲。

（3）墨鱼。学名乌贼,生活于大海的中层,其足位于口之周围,且分裂成腕,故称头足类,是软体动物中的高等类群。

（4）衣鱼。又称书鱼。当你打开衣柜或书箱时,常常发现它们的踪迹。衣鱼是一种无翅昆虫,是节肢动物。它体披鳞片,身体和附肢分节,全身分头、胸、腹部。头部具有复眼和一对细长的触角,对衣物和书籍危害严重,胸部具有三对足,但无翅;腹部末端有两条细长的尾须和一条中层丝。

（5）文昌鱼。在我国厦门、青岛和烟台的海滩,生活着一种头尾尖细、左右侧扁的肉红色小动物,体长不过5厘米,人们称它文昌鱼。它不能主动觅食,常将身体钻入沙中,仅露出头顶,借水流将硅藻和其他浮游生物带入口内,过着昼伏夜出、钻沙少动的被动生活。文昌鱼不是鱼,它是比鱼类还低级的动物。

（6）娃娃鱼。在湘、鄂、川、黔等省,其清凉湍急的山地溪流中,栖息着一种夜间出来觅食的肉食性动物,叫声如婴儿啼哭,人们称它为娃娃鱼。娃娃鱼幼体用鳃呼吸,成体用肺呼吸,发育中需经过变态。和蛙一样,是水到陆生的过渡类群,是名副其实的带尾巴的两栖动物。

（7）甲鱼。号称团鱼,是生活在淡水中的小型龟类。甲鱼学名鳖,用肺呼吸,是一种爬行动物,但它咽喉部的黏膜上有许多密布血管的绒毛,能在水中进行呼吸。甲鱼体披骨甲,骨甲外无触质甲而具革质皮,这是它和鱼类的区别之一。

（8）鲸鱼。鲸鱼体温恒定,用肺呼吸,又进行胎生,哺乳,是终生不能离开水的哺乳动物,学名为鲸。

叫鱼非鱼还有很多,如鱿鱼、章鱼、柔鱼是软体动物,鲨鱼是节肢动物,星鱼是棘皮动物。如此种种,只要以鱼之特征加以对照,就会露出它们的"庐山真面目"。

海洋动物是怎么获取淡水的

根据鱼类对盐分调节的原理,认为海洋中硬骨鱼是要喝水的,这是因为海水浓度比硬骨鱼类的血液和体液浓度高,由于渗透作用,鱼体内的水分不断散失到海水中去,鱼体血液中的酸碱平衡遭破坏,必须喝一部分海水来调节。海水既咸又苦,人不能喝,但鱼可以喝,因为鱼类鳃上具有一种独特的氯化物分泌细胞,可以把进入体内的多余的盐分排出体外。

然而,海洋中的软骨鱼类,如鲨、鳐等因为它们血液中含有很多尿素,使体内渗透压比海水大,海水可以从鳃膜不断渗透进鱼体中,因此,它不但不要喝水,相反,还需经常排尿,才能维持体内的酸碱平衡。

与海水硬骨鱼类相反,淡水硬骨鱼类是不喝水的,因为其血液和体液的浓度与淡水的浓度大致平衡。

鲨鱼与人类拥有共同的祖先吗

新加坡科学家发现,大约4.5亿年前,鲨鱼和人类拥有共同的祖先,这也使得鲨鱼成为我们的远方亲戚。

研究人员称,这种亲属关系在人类DNA上找到了证据,至少一种鲨鱼拥有多个几乎与人类基因完全相同的基因。象鲨的基因组同人类的非常相似,从遗传学上讲,我们同象鲨比其他物种(如多骨鱼)拥有更多共同点。多骨鱼在进化树上距离人类的位置较近。研究人员说,这无疑是令人吃惊的发现,因为多骨鱼和人类的关系要比象鲨同人类的关系更为紧密。

研究小组发现,象鲨和人类基因组上的多套染色体基因和真实的基因序列非常相似。研究人员不仅分析了象鲨的基因组,还分析了包括河豚、小鸡、老鼠和狗等动物的基因。他们在人体上发现了同老鼠、狗和象鲨基因很相像的154个基因。科学家早已料到人类同老鼠和狗的基因相似性，因为它们都是哺乳动物。但鲨鱼属于软骨鱼纲类动物，这种鱼类似乎同哺乳动物在生理上并不存在相似之处。研究人员经过更为细致的检查，发现鲨鱼和人类确实拥有某些生理和生物化学共同点，其中就包括生理功能。

研究人员说："象鲨和其他种类的鲨鱼及人类的共同特点是，受精过程均在体内完成，而硬骨鱼的受精过程则在体外进行。"象鲨和人类之间许多相似基因都涉及精子生成。象鲨和人类所产生的精子似乎在末端拥有能够与雌性卵子结合的感受器，多骨鱼则没有这样的感受器。它们的精子通过一个称为卵膜孔的小孔进入卵子，鲨鱼和人类没有卵膜孔。

研究人员同时发现，由于鲨鱼身上具有所有四种存在于哺乳动物身上的白细胞，二者的免疫系统非常相似。他们认为，未来有关象鲨基因组的研究，也许能揭示诸如免疫系统如何发育等涉及人类基因的信息。象鲨基因组相对而言不大，研究起来也相对容易。由于鲨鱼是现存最古老的有颚脊椎动物，针对鲨鱼的研究甚至可能揭开人类和其他哺乳动物进化之谜。

你知道鲸鲨水下"飞行"能力吗

美国两名研究人员发现，素有怪物之称的鲸鲨拥有令人不可思议的水下飞行能力，绝对可以让一些战斗机飞行员汗颜。

威尔士斯旺西大学研究员威尔逊说，鲸鲨通常在水面慢慢游，且不会对人展开攻击。但在深水时，它们就完全变了一副模样，成为一只"水下雨燕"。它们会像飞机一样上演垂直俯冲和一系列令人惊叹的跳跃。

鲸鲨是世界上个头最大的鱼类，它们并不是鲸类，也不是哺乳动物。威尔逊说："鲸鲨俯冲和翱翔的方式与鸟类动物类似，它们会利用冲力和地

心引力尽可能多地储存能量。鲸鲨会像鸟类一样飞行,但此时的这只'鸟'却是一个和巴士差不多的大家伙。"在此之前,人们从未在鱼类动物身上观察到这种行为。

威尔逊与澳大利亚默多克大学的诺曼合作,对澳大利亚西海岸的印度洋鲸鲨进行了跟踪。他们在几头鲸鲨身上安装了一种电子装置,用于记录这种怪物每一个动作的细节,每秒钟记录8次,包括速度、深度、斜度、翻滚和方向以及尾巴的每一次拍打。

诺曼曾在全世界雇请"公民科学家",利用一个在线全球照片辨识图书馆帮助研究和保护鲸鲨,并因此获得2006年劳力士奖。他说:"在人类视线之外,鲸鲨会上演'飞行'壮举,观察到这种现象还是第一次,可以说完全出乎我们的意料。"威尔逊在提到野生动物电子监视器揭示的这种极具反差的行为时说:"它们是动物世界中真正的'化身博士'。"

威尔逊将电子监视器安装在宁格罗暗礁群的8头鲸鲨身上,这些鲸鲨最长的达到8米。在设计上,电子监视器会脱离鲸鲨身体,脱离之后可以被研究人员跟踪到。利用监视器记录的数据,他们可以了解鲸鲨几小时内的每一次移动。最后,电子监视器可以告诉他们鲸鲨的行动以及在何地进食和繁殖,进而帮助他们确定保护区的位置,让这种大型动物免受捕猎或污染等人类行为的伤害。

为什么小比目鱼能制服大鲨鱼

在海洋生物中，鲨鱼是以凶猛、残忍而著称的，但是，它却被小小的比目鱼制服了。

原来，比目鱼能排泄一种乳白色的液体，毒性极其强烈。这种液体的体积在水中可以扩散到5000倍的地方，能毒死海星等小的海洋生物，但对人体没有什么损害。

科学家曾把毒液加到鱼饵里，然后绑在其他小鱼身上。每当鲨鱼要吞食带有毒饵的小鱼时，鲨鱼的嘴就变得僵硬而不能合拢了，鲨鱼不得不仓惶逃走。几分钟后，鲨鱼的嘴又恢复了常态。如果再贪食带毒饵的小鱼，便又会遇难，小小比目鱼就是这样制服大鲨鱼的。经研究，生物学家发现了这种毒液能使鲨鱼口部肌肉麻木而瘫痪的原理。目前生物学家们正在根据这一原理研究人工合成比目鱼毒液，进而制成"防鲨灵"软膏，涂在游泳者的身上，以免受鲨鱼的伤害。

为什么有些鲨会生小鲨鱼

鱼类大多是怀卵的。但是有些鲨鱼腹中怀的却是小鲨鱼，这是为什么呢？

原来，鱼类繁殖方式基本分为3种类型，即卵生、卵胎生和胎生。卵生，是亲鱼直接把成熟的卵产在水中进行受精的发育的一种生殖方式。这种方式，亲鱼对它产下的卵大多是不加保护的，往往会被各种敌害大量吞食，而且卵在水中受精和发育受环境条件的影响很大，因此，以卵生方式的鱼产卵数量比较多。

卵胎生，就是卵在雌鱼体内受精，并且在生殖道内进行发育，在发育过

程中胚体所需的营养就像卵生的那样,完全由鱼卵本身的卵黄来供给。这种方式比卵生要进化一步,不受多变环境的影响,更有利于保护后代。例如,海鲫鱼和柳条鱼等鱼类。

胎生,卵在体内受精和发育,在发育过程中,胚体不仅靠本身的卵黄来营养自己,而且在卵黄囊壁上会产生许多皱褶和突起与母体结合在一起,形成一条像脐带一样的卵黄囊胚盘,通过这一纽带,可以直接从母体获得营养。这种繁殖方式,和哺乳动物的繁殖类似,是最进步的方式,因为卵的受精和发育可靠而又有保证。如灰星鲨和真鲨等。

为什么鲨鱼的软骨可以防癌

鲨鱼从不受细菌和病毒感染,其创伤能很快愈合,并且没有一条鲨鱼生癌,这到底是为什么呢?

这一现象早就引起了科学家们的关注和兴趣。1982年,美国麻省理工学院的科学家在研究中发现,鲨鱼的骨骼完全由软骨组成,软骨中含有一种"控制血管生成物质",能阻断癌肿周围的血管网络,断绝癌细胞的供养而使癌肿萎缩,同时能杀死癌细胞。在实验中,证实鲨鱼软骨成分能完全阻止癌细胞的生长。美国哈佛大学试用鲨鱼软骨治疗32个晚期病人,结果11人治愈,其余的人癌肿明显缩小。1991年,墨西哥康脱拉斯医院用鲨鱼软骨治疗晚期癌肿病人8例,其中癌肿缩小30%~100%。从此,鲨鱼不生癌的研究已开始造福于人类。现代科学证明,软骨除了有明显防癌作用外,还能起到抗炎、抗血管生成、防治糖尿病等功效。

你知道能为人类服务的奇鱼吗

自然界中的鱼类虽说形形色色,但除了供人观赏外,便是给人食用。你大概从未听说过还有一种鱼,只充作田间的肥料,人们给它起了一个美名——肥料鱼。这种奇怪的鱼生活在美国一个印第安人部落附近的小河里。自古以来,当地印第安人在播种玉米时,便从河中捕捉起一条条小小的肥料鱼,掷进每一个已播下玉米种子的坑里。玉米生长的全部肥料,就靠这条鱼供应了。

在北美洲的太平洋沿岸,有一种叫艾乌拉霍的鱼。这种鱼的脂肪很多,如果把它晒干,在它身上穿一根灯芯,就可以把它立起来当灯点。这是一种名副其实的鱼灯,印第安人很早以前就用这种鱼灯来照明了。

在洪都拉斯的斯波孔有一条叫斯拉根的内河,河里出产一种叫"鞋鱼"的奇鱼,它的长相和鞋子相似,也是扁头、厚躯体。将此鱼捕杀后,去内脏和尾,晒干后皮质略微收缩但坚韧无比,按照人脚的大小穿进开膛处,缝合后部,就成了一只套在脚上的鱼鞋,而且没有腥味,当地人叫它"无腥鱼鞋"。在斯波孔有一家专门出售这种鱼鞋的商店,任人挑选合脚的鱼鞋。一双鱼鞋可以穿两个星期,不仅不会扎脚,而且据说非常舒适。

我国南海有一种叫"甲香鱼"的怪鱼,它的头朝上,尾朝下,挺着肚子,形如站立的人。这种鱼体长6～10厘米,全身肉很少,不能食用,经济价值很低。但因其体薄而透明,形态很美,有人将它晒干后当书签使用。甲香鱼由此获得了一个"书签鱼"的美名。

温泉能治疗皮肤病,但是生活在温泉中的小鱼也能治病,尤其是治顽癣,这实在令人惊奇。土耳其锡巴省的肯加谷中有一处36℃的温泉,栖息着成千上万条这样的奇鱼,能治疗皮肤病、溃疡、丹毒和风湿病,人称"医生

鱼"。早在1917年人类便开始利用其特殊的功能治疗皮肤病。"医生鱼"由3种小鱼组合而成,每条体长约9厘米,温泉自地底涌出后,即被导引到4个温泉池中,随同泉水涌出的是成千上万条小鱼。患者第一天浸入池里8小时,让"袭击鱼"撕咬掉全身的皮屑;第二天让"针刺鱼"在皮肤上刺孔;随后几天由"舐舐鱼"将伤口"吻愈"。第十天患者便全身光洁无损,病魔不辞而别。接受过"医生鱼"治疗的患者都说,在温泉中面对成千上万的小鱼不断地啃咬着患处,是需要很大勇气的。但是几天过后,小鱼们每咬一口就像一次电疗,加上温热的泉水不断涌出,好像在做全身按摩,舒服极了。而且它们治疗效果奇佳,愈后不会复发。

巨虾为何流红色的血液

在印度尼西亚加里曼丹岛北部生活着一种鲜为人知的两栖类怪虾,它们活动在那密密层层的红树林和沼泽地里,饿了就爬到树上捉鸟为食,饱了就隐身于沼泽地休息。

一个偶然的机会,两位华侨海员在一位当地居民引导下来到这里。他们正要穿过一片茂密的红树林。忽然听到从前面一棵大树上传来一阵窸窸窣窣的声响,好像一只动物在树干上爬行似的。他们原以为是一只吃人的野兽或一条大蟒蛇,连忙端起猎枪,小心翼翼地走近一看,原来是一只庞大的怪虾。

这只怪虾,确实使跑遍世界的海员们吓了一跳!它足有七八尺长,一尺多宽,青背黄须,硬腿尖爪,爬伏在一棵合抱的大树干上,样子很可怕。当大虾发现人们走近它身边的时候,便猛地伸开一双斗大的双螯,好像是摆开战斗的姿态,向来人示威。这一来,倒也把他们吓住了,不敢再向前走去。这时,那个青年华侨海员端枪瞄准虾背,"砰"一声响,一下就把怪虾结果了，跌在大树下面。更令人惊奇的是它还流出许多猩红的鲜血，把草地都染红了，肚子里还露出一只未消化完的小鸟。那个当地向导忙取来一条葛藤将大虾捆缚好，准备背回去。向导告诉海员："在这里，尤其是晚上，经常有这种两栖大虾爬到树上捕捉小鸟当食物，我们管它叫食鸟虾，虾肉可以吃，非常鲜美，还可以烤干，它的血还能治病。"

上面所谓的两栖怪虾到底属于动物界的哪一种呢？为什么它生为虾形却有红色的血液？这可真是一个有研究价值的谜。

你 知 道 日 本 紫 鱼 吗

日本紫鱼分布在印度太平洋区，包含毛里求斯、新喀里多尼亚、塞舌尔群岛、马尔代夫、斯里兰卡、印度、安达曼海、泰国、缅甸、马来西亚、菲律宾、印尼、琉球群岛、台湾、中国沿海、马里亚纳群岛、马绍尔群岛、瑙鲁、帕劳、密克罗尼西亚、澳大利亚、夏威夷群岛、斐济群岛、瓦努阿图、汤加、基里巴斯等海域。它生活在水深100～200米的大海。

日本紫鱼体呈长纺锤形,两眼间隔平扁,眼前方无沟槽。下颌突出于上颌,上颌骨末端延伸至眼前缘的下方,上颌骨无鳞。体覆中小栉鳞,背鳍及臀鳍上均裸露无鳞;侧线完全且平直,侧线鳞数70~74枚。体色暗紫色,体侧有多枚山形状之黄色横带纹。体长可达45厘米。日本紫鱼以小鱼、甲壳类为捕食对象。

你知道鲱鱼吗

鲱鱼是具有经济价值的鱼类。其鱼群之密,个体之多,无与伦比,可以说它是世界上产量最大的一种鱼。为什么鲱鱼能够如此大量地繁衍呢?缘由是鲱鱼擅长调剂光照,使鱼体能顺利地进入各种深浅不同的水层中捕获食物。

鲱鱼密集游动是一个十分壮丽的场面。鲱鱼在集群洄游开端前的2~3天,有少数颜色鲜明的大型个体作先头部队开路,接踵而来的便是密集的鱼群出现在岸边。渔人依据岸边水的颜色、海水的意向和窜动的鱼群所溅起的特别水花以及天空中大群海鸟的盘旋和鸣叫声,就能准确地辨别出大鱼群降临。此时就要立即安置网具进行捕捞了。密集的鲱鱼群,在海岸附近水深8米左右的地方游弋1~2天后,便进入海藻丛生的浅水处进行生殖。雌鱼产卵、雄鱼排精。鲱鱼的卵子是黏性卵,受精卵黏着在海藻上,新生命也就随之开端了。因为鲱鱼的产卵场所水深只有1米左右,鱼群过于密集,所以上层的鱼头部和脊背都会露出水面。雄鱼排出的大量精液,致使海水都因此变成白色胶状样子。

你知道湖拟鲤吗

湖拟鲤体侧扁且高,背部隆起,头稍短小,吻稍钝,口呈半月形,上下颌约等长。无须,鳞较大。侧线完全,在腹鳍上方向下略弯,向后延伸至尾鳍基的中央。臀鳍较小,后缘稍凹;尾鳍叉形,末端稍尖。体呈银白色,背部灰黑色,背鳍浅黑色;臀鳍、胸鳍、腹鳍与尾鳍下端呈橙红色。在生殖季节,雄鱼头部布满珠星,腹部以外鳞片上大都也各有一粒锥状的珠星。

湖拟鲤为中下层鱼类,喜栖息于多水草的静水中,多是单个或小群活动,以水生植物为主食,也食昆虫幼虫及小型软体动物。夏季摄食强度大,冬季一般停食。3~4龄鱼达到性成熟,5月为生殖季节,多在有水草的河汊、河湾静水处产卵,卵黏附在水草及其他物体上。卵孵化后,幼鱼则在沿岸摄食,冬季则在河流下游深水中越冬。

湖拟鲤主要分布于欧洲,亚洲东部见于俄罗斯西伯利亚鄂毕河至勒拿河和我国新疆额尔齐斯河和博斯腾湖。

湖拟鲤在俄罗斯是重要的捕捞对象,大部分是春、秋两季在此鱼游向近岸时加以捕捞,可供养殖。

你知道"清道夫"双孔鱼吗

双孔鱼俗称青苔鱼、琵琶鱼、青苔鼠、食藻鱼、清道夫。双孔鱼的口部形成吸盘状,借以吸附在石块等表面,清除石块表面的藻类。作为观赏鱼饲养在水族箱中,能清除玻璃表面及箱底的苔藓、藻类等,使水体清澄、玻璃明亮,故称其为"清道夫"或"食藻鱼"。

双孔鱼性情温驯,易饲养,在水族箱要求水质弱碱性(pH为7.3左右),

适宜水温为23℃～28℃，饲养时适量喂些切碎的菜叶。

双孔鱼原产于湄公河流域，目前已作为观赏鱼饲养而遍布世界各地。

水生软体动物离水后为何长时间不死

水生动物一般离开水后就很快死去，然而很多水生软体动物在被浪头抛上岸后或在其他脱离水的情况下仍能存活很长时间。俄罗斯生态与进化问题研究所专家最近发现了其中的奥秘。他们发现水生软体动物在脱离水之后能够很快以新的能量消耗方式和呼吸方式适应新的环境，这使得它们能继续存活很长时间。

为了继续生存，离开水的水生软体动物首先需要使身体保持湿润。为此，它们会分泌一种特殊的黏液分布在体表，防止身体变干。这些软体动物甚至会三五成群地聚集在石块下、礁石缝等背阴的地方，以使黏液更好地发挥保湿作用。

对于长有大贝壳的软体动物来说,情况会好得多。因为它们可以合上贝壳将身体密封起来,防止身体的水分蒸发以使身体保持湿润。在这种缺乏氧气和食物的封闭条件下,它们体内的化学成分会发生变化,消耗自身体内的营养和氧气。而对于贝壳小或者没有贝壳的软体动物而言,情况要相对糟糕些,它们必须钻到泥土中才行,有些甚至钻到深达35厘米的地下。不管有无贝壳,软体动物由于在缺水的条件下缺乏好的生存条件,它们的体重都要减轻40%至80%。

俄罗斯研究人员还发现,在离开水的情况下,水生软体动物的呼吸方式也发生了变化。在水中,它们可以通过鳃或肺呼吸溶解在水中的氧气,而离开水后它们会借助靠近体表的血管网络,直接从空气中吸收氧气以满足身体需要。

为什么章鱼的身体那么柔软

一只章鱼的体重,最大的可以达到32千克。但是,就是这样一个大家伙,它的身体却是非常柔软的,柔软到几乎可以将自己塞进任何它想去的地方,甚至可以穿过一枚硬币大小的洞——因为它们没有脊椎。它们最喜欢做的事情,就是将自己的身体塞进海螺壳里躲起来,等到鱼虾走近时,就咬破它们的头部,注入毒液,使其麻痹致死,然后美餐一

顿。

章鱼几乎是海洋里最可怕的生物之一,然而渔民却有办法制服它。他们把小瓶子用绳子串在一起沉入海底,章鱼见到了小瓶子会争先恐后地往里钻,不管瓶子有多么小、多么窄。结果在海洋里无往不胜的章鱼,成了瓶子里的囚徒。

为什么称琵琶鱼是"海洋中的垂钓者"

琵琶鱼,又称"鮟鱇鱼"、"电光鱼"是一种生活在海洋里的形状怪异的鱼类。体长一般为45厘米,最长可达2米。体色从褐绿色到灰黑色,各不相同,体表还具有杂色斑点。琵琶鱼身体扁平、头很大、背鳍和胸鳍发达,还有一条马鞭一样的长尾。尾根与鱼身衔接处长有一排锋利的刺,刺尖可产生毒液。从鱼体的背面俯视,很像一把琵琶,故称"琵琶鱼"。

琵琶鱼是底栖性的鱼类,一般生活在海平面以下2～500米深处,喜欢沙砾的底质。琵琶鱼以各种小型鱼类或幼鱼为食。说到捕食,就不能不说说琵琶鱼独特的"捕食工具"。在雌鱼头部的嘴上通常有一个"钓竿"状的结构。"钓竿"的末端有一个肉质的突起,看上去很像蠕虫,琵琶鱼以此来诱捕其他贪食的鱼类。由于琵琶鱼生活在缺乏光线的深海里,所以在"钓竿"的末端通常有发光器官,该器官能够发出冷光以帮助琵琶鱼诱捕其他鱼类,所以琵琶鱼又被称为"电光鱼"。

对于琵琶鱼发光的确切机制尚未完全弄清。目前,有一种观点认为:琵琶鱼的发光器官中有一种叫"荧光素"的物质,该物质在荧光素酶的氧化作用下即可发出冷光。

琵琶鱼的繁殖季节一般是在春夏两季。雌鱼所产的卵可群集形成长9米、宽3米的凝胶质的片状卵群,这样的卵群可在海面上漂浮直到孵化出幼体。刚孵化的琵琶鱼幼体由一层凝胶质的外膜包裹,可以起到保护作用。幼鱼不论雌雄都在海水表面生长发育,以浮游生物为食,所以幼鱼还没有"钓竿"结构。等发育到一定程度,雄鱼就会选择一条合适的雌鱼,咬破雌鱼腹部的组织并贴附在上面。而雌鱼的组织生长迅速,很快就可包裹住雄鱼。最后,雌鱼带着寄生在自己体内的雄鱼一齐沉入海底,开始它们的"二鱼世界"的底栖生活。

为什么说湟鱼是"凄苦"的鱼

湟鱼学名叫裸鲤,俗称湟鱼。大概是因为青海是黄河的源头,黄河上游主要的支流湟水河在青海境内,所以青海很多地名也都依湟水名而起,比如湟中、湟源等。由于生活的条件非常艰苦,湟鱼生长极其缓慢,一般情况下每增加500克体重需要11年。在缓慢的生长过程中,积累了丰富的营养,因为长年生活在温度极低的高原湖水中,没有污染,固此肉质肥厚,味道鲜美,没有腥味,鲜嫩爽滑,营养丰富。

湟鱼生活在海拔2000米以上的高寒水域,食物并不丰富,所以食性杂,以浮游生物、底栖生物、水生昆虫或幼虫和钩虾为食。春季河流解冻,水温上升时,性成熟的湟鱼集群进入河流,顶水而上,寻找产卵场,繁衍后代。到了产卵季节,可以看到成千上万的鱼密集在河流中,密密匝匝,绵延几十千米,不失为一大景观。湟鱼就是在这样的艰苦环境中经历了千万年的生存和演变,逐渐成为一种体长侧扁,无须无鳞的鲤鱼。

海螺为什么会发生性畸变

　　海产腹足类就是我们俗称的海螺。虽然许多海螺为雌雄同体,但对于前鳃亚纲的种类来说,不仅是雌雄异体,而且绝大多数种类的性别终生不变。然而,英国学者在20世纪70年代首次发现有些雌性的狗岩螺会在保持原有的雌性生殖系统不变的情况下,生长出不正常的雄性生殖器官,即所谓的性畸变现象。性畸变现象严重时会导致输卵管堵塞,最终造成畸变个体不育。长此以往,种群中雌性个体的比例就会下降,种群延续能力减弱,最终甚至造成畸变种的区域性绝种。

　　海螺为什么会发生性畸变?最初,科学家也感到迷惑不解。20世纪80年代初,随着调查的深入和扩大,科学家不仅发现海螺性畸变现象的普遍存在,而且畸变程度明显与采样地点离大型码头或港口的距离成反比。也就是说,在离大型码头或港口较近的地方,性畸变现象最为严重。反之,则较轻,或没有性畸变现象。对性畸变个体体内重金属化合物检测的结果表明,性畸变程度与体内锡含量成正比。进一步的调查结果表明,海螺的性畸变现象与有机锡关系最为密切。随后,大量室内外毒理实验证明,海水中有机锡的存在是海螺性畸变现象的罪魁祸首。在有机锡家族中,毒性最大的是三丁基锡,其次是四丁基锡和三丙基锡等。海水中三丁基锡是迄今为止人为引入海洋环境中毒性最大的化合物之一。海洋中的三丁基锡主要来自于船舶防污漆。三丁基锡作为防污漆添加剂,虽然能长期有效地杀死船体外壳上的附着生物,延长船舶使用寿命,但却对非靶生物构成了严重的危害。因而,被称为"海洋杀生剂"。

海洋生物食物链是什么样的

在海洋中,各种生物种群的食物关系,呈食物金字塔的形式。海洋生物学家曾作过这样的研究报告:处在这座生物金字塔最低部的,是各种硅藻类。它们是海洋中的单细胞植物,其数量非常之巨大。我们假定,生物金字塔最低部的硅藻类是454千克。在这一层的上边是微小的海洋食草类动物,或者叫浮游动物。这些动物是以硅藻为食而获取热量。这一层的动物要维持其正常生活,需食用45.4千克硅藻。那么,再上一层是鲱鱼类,鲱鱼为获取热量,维持生命,需食用4.54千克的浮游动物。当然,鲱鱼的存在又为鳕鱼提供食物,显然,鳕鱼又是更上一层动物的食物了。鳕鱼为获取热量和正常生活,需要食用454克的鲱鱼为食。不难看出,每上升一级,食物以10%的几何级数减少;相反,每下降一级,其食物量又以10%几何级数而增加,呈一个下大上小的金字塔型。通过海洋食物网建起的金字塔,经过四至五级的能量依次转移,维持各生命群体之间的平衡。当接近海洋食物金字塔的顶端时,生物的数目比起底部来说,变得非常之少。在海洋中,处在顶部的是海洋哺乳类,如海兽等。

我们平时说的海洋食物链,就其存在方式有两种:一种是放牧食物链。这种食物链是从绿色植物(例如浮游植物类等),转换到放牧的食草动物中,并以食活的植物为生,顶端是以食肉生物为最后的终点。这个过程,就是我们时常说的"大鱼吃小鱼,小鱼吃虾米,虾米吃泥土(浮游生物)"。第二种形式是腐败或腐质食物链。这一食物的转移方式是:从死亡的有机物开始,到微生物,并以摄食腐质的生物为生的捕食者为最终点。实际上,在海洋中,这种类型的食物链之间,是相互连接的;有时也不是非按某种特定来进行,而是有交叉,有连接,按多种方式混合进行的。

海豹竟然会说话

在美国缅因州,有一个美丽的小渔村叫康迪。村里住着一对年轻的新婚夫妇,丈夫叫约翰,妻子叫帕尔蒂。他俩每天早出晚归以捕鱼为生,却生活得特别幸福、快乐。

一天,解网归帆,踏着晚霞,漫步海边,心中格外惬意。突然,帕尔蒂发现前面一只幼小的海豹正趴在沙滩上,朝他俩瞪着机灵灵的亮眼睛。他俩觉得非常有趣,就把它带回了家。回到家里,帕尔蒂像照顾孩子似的悉心饲养这只小精灵,用鸡蛋和牛奶为它做香喷喷的蛋奶羹。可是小海豹对此并不领情,它擅自爬上约翰夫妇晾鱼的架子上狼吞虎咽地吃了一顿美餐。这下主人可放心了,从此每天都为它准备4.5千克鲜鱼,满足这只小海豹的胃口。

为安全起见,约翰给小海豹搭了个帐篷,用铁丝网围了起来。每天早

上,乔治打开铁丝网的门放小海豹到池塘游泳。

很快,小海豹就像个懂事的孩子似的,不用麻烦主人了。早上,它自己用鼻子打开铁丝网的门,到池塘去游泳,晚上自己到帐篷里睡觉。一天,约翰把小海豹放在小轮车里,骑车送它到海边去,小海豹高兴得下车以后直蹦高。第二天,它便自己爬上车子,等待开车。

小海豹在主人的指导下,表现出不寻常的聪明,很快学会了钻铁环、打滚球、翻筋斗等动作,使约翰夫妇惊叹不已。有趣的是,它还会钻到海龟下面若无其事地游泳,乘海龟不注意,它便用鼻子往上一拱,把海龟拱出水面在空中直翻跟头。

小海豹精彩的表演吸引了全村的男女老少,人们都围到池塘边来看小海豹的表演。小海豹更得意了,它表演完节目,还会绕池塘一周,挥动前肢,向观众频频致意。小海豹成了主人宠爱的宝贝,几乎寸步不离。一天,约翰带它到镇上,约翰让小海豹留在车上,自己进了商店。闲不住的小海豹,随即也好奇地走出轿车,大摇大摆地跟约翰进了商店。它那有趣的样子,立刻吸引了街上所有的人。

小海豹有时到池塘里玩起来会乐而忘返,约翰常常去找它。小海豹一见主人来,便会顽皮地躲在宽叶香蒲里。约翰喊着:"出来吧,小海豹!"小海豹在叶下眨巴着亮眼睛,静静地、认真地听着。

有一天,约翰又来喊小海豹,小海豹竟答:"喂,你好吗?"约翰简直不敢相信自己的耳朵。从此以后,每当约翰路过池塘,总能听到小海豹口齿清楚的问候:"喂,你好吗?"

约翰禁不住兴奋地把这更为新鲜的趣事告诉了乡亲们,乡亲们纷纷围拢来同小海豹交谈,小海豹果然能用"您好"、"再见"等语句跟大家交流,人们惊讶不已。

约翰说:"这只小海豹太聪明了!我根本没有想到它会说话。我没教过它,平时也只是随便跟它说说话,逗着玩,谁想它倒会模仿了呢。"

约翰夫妇觉得有必要对小海豹进行专门训练和研究,就把它运到了波士顿的英格兰水族馆。在那里,经过训练以后,小海豹又学会了说很多比较复杂的语句。

3年后,约翰夫妇到波士顿水族馆去看望小海豹。这时,小海豹已经长大,长出了一身灰黑色的皮。帕尔蒂走到池塘边,喊道:"喂,小海豹,出来吧!"海豹静静地望着她,一副若有所思的样子,像一个颇富感情的大人正在回忆着这遥远而又十分熟悉的声音。

过了一会儿,海豹也许是想起来了,它用前肢亲切地拉着帕尔蒂的手,说着:"你好吗?到哪儿去?"帕尔蒂激动得热泪盈眶,这与它小时的动作多相似!

后来,这只奇特的海豹成为水族馆最惹人注目的杰出的演讲者和杂技演员了。

为什么这只海豹会模仿人的声音呢?它怎么会如此聪明?这吸引了科学家们的注意。他们对这只小海豹作了细致的综合性研究,直到今天,尚未解开这个谜。

水母竟是海洋生物中的气象专家

平静的海面上，一群水母舒展开的身体像伞花一样，彩绸条似的触手从身体上伸出来舞动着，就像无数白色伞花在蓝天中飘舞着。突然，它们收缩身体，惊恐万状地向大海深处逃去。水母为何有如此反应？

科学家们经观察研究后发现，原来水母得到了暴风雨欲来的信息。水母独特的听觉系统使它能迅速地知道天气欲变的征兆。其原理是这样的：空气和海浪在形成台风的过程中不断发生摩擦，便会产生8～13赫兹的频率，以每秒钟1450米以上的速度传播次声波，它预示着风暴即将来临，就像天气预报一样。这种人们听不到的次声波，水母却能听到。

不仅如此，水生生物还能预报地震。1932年，日本本州岛岛东北部海岸附近突然发现生活在500米深处的鳗鱼成群结队地浮出水面。不久，日本发生了强烈的地震。

科学家分析后认为：地震之前，地层深处压力增大，形成的压电效应能分解海水，产生一些带正电的微粒。而鱼类的耳朵和身体上的侧线器官能十分灵敏地感觉到高频和低频振动，对地震引起的"场"变化也能预先感觉到。

地震和海啸也可以通过海洋生物发光来得知。海洋中的许多生物都能发光，如细菌、蠕虫、海绵、珊瑚虫、水母、甲壳类、软体类、鱼类等。由于海底磁场、水压等环境条件在地震来临之前发生异常，使得海洋生物的发光加剧。千万个海洋生物聚集一起会发出强大的光柱、光雾，这告诉人们地震和海啸即将来临。日本本州岛三陆1896年6月发生了海啸，海洋发光细菌随着汹涌的波涛，像电灯一样将海洋照耀得如同白昼。

美丽的海洋是一座巨大的宝库，科学家们正不断加大海洋研究的力度。我们期待着能发现更多的"天气预报员"，从而更好地为人类服务。

海豹上岸为何"哆嗦"

海豹在刺骨的海水中能够悠然自得,但在陆地上却会不停地"哆嗦"。数十年来,科学家一直对这一奇怪现象充满兴趣,因为研究它可以进一步了解人类如何在低温、缺氧环境下生存。

挪威特罗姆瑟大学研究人员日前得出结论:海豹在陆上打"哆嗦"是为了保持体温,从而能长时间深潜,方便捕食。

研究人员将12头海豹放入一个特制的装置中,测量在不同环境下它们的心率以及体温变化等情况。结果发现,当该装置置于水上、室温降至-35℃时,海豹剧烈"哆嗦";但当该装置浸入冰冷的盐水时,这些海栖哺乳动物立即停止了"哆嗦"。

研究人员认为,对需要保持一定体温才能生存的温血动物来说,海豹这种在水里不打"哆嗦"的做法并不好,但是能长时间待在水下以捕获猎物饱餐一顿,挨点冻也值得。

研究人员还发现,在水中,海豹脑温一刻钟内就能降低3℃,而心率从每分钟90跳减少到每分钟10跳,这就减少了氧的消耗,同时也减轻了深潜时对脑的损害。因为海豹比人更能耐受缺氧,所以研究其中的机制将能使人们更好地了解心脏病等疾病发作时人脑缺氧的情形,从而有助于开发有针对性的治疗方法。

为什么墨斗鱼会喷出墨汁

墨斗鱼正名叫乌贼,它是贝类软体动物,在乌贼的肚子里有一个"墨囊",里面贮满了墨汁,故俗称为"墨斗鱼"。

乌贼肚子里的墨汁是保护自己的武器。平时,它遨游在大海里专门吃小鱼小虾,但是一旦有什么凶猛的敌害向它扑来时,乌贼就立刻从墨囊里喷出一股墨汁,把周围的海水染成一片黑色,使敌害顿时看不见它,就在这黑色烟幕的掩护下,它便逃之夭夭了。而且它喷出的这种墨汁还含有毒素,可以用来麻痹敌害,使敌害无法再去追赶它。

但是乌贼墨囊里积贮墨汁,需要相当长的时间,所以,乌贼不到十分危急之时是不会轻易施放墨汁的。

乌贼平时喜欢在远海遨游,到了春末时节,它们才成群结队地游到近海来产卵。它喜欢把卵产在海藻或木片上面,像一串串葡萄似的挂在上面。因此,沿海的渔民常把树枝之类的东西捆成一束一束的,投入海中,引诱乌贼来产卵,待成群的乌贼游来产卵时,再张网捕捞,获益甚厚。

墨斗鱼的肉质鲜美,是一种可口的海鲜食品,它的墨囊里的墨汁可加工,为工业所用。墨囊也是一种药材,因此,墨斗鱼全身都是宝。

为什么海水鱼不咸

海水是咸的,生活在海水中的鱼,它们无时无刻不在吞吐海水,但是它们的肉吃起来却不咸,为什么呢?

原来海洋中那些鱼类具有很强的排盐能力,有专门排盐的器官,人们称它为"海水淡化器"。这个"海水淡化器"长在鱼的鳃片中,由泌氯细胞组成。泌氯细胞好比一个海水淡化车间,能使吞进去的海水大量地、快速地加以淡化,效率相当高,即使目前世界上最先进的海水淡化器也望尘莫及。

科学家研究发现,海洋中的硬骨鱼类除了依靠鳃片来淡化海水外,还用"膜法"来淡化海水。即它们的内腔膜、表皮膜、口腔膜等组织的单个细胞膜都是一种半渗透膜。每当它们大量吞进海水时,口腔黏膜和内腔黏膜将海水隔置在腔内,通过吸气不断对腔内加压,利用压力差促使水分子顺利渗透过这层半渗透黏膜而进入鱼体内,而盐分则渗透不过去,仍禁锢在腔内,然后通过排泄系统,将其排出体外。

为什么鱼的身体上有侧线

大多数鱼的身体两侧都各有一条侧线,侧线对鱼类生活的作用很大。侧线对水振动的感觉十分灵敏,能帮助鱼感觉到周围的情况。当周围有其他鱼游过来或者遇到障碍物的时候,鱼身体周围的水会产生振动,侧线不但能感觉水流很微小的振动,而且也能感觉到周围的声音,因为声音也会使水产生振动。

此外,海洋深处很黑暗,眼睛无法发挥作用,还有些鱼的眼睛功能已经退化,鱼只能靠侧线了解周围的情况。有了侧线的帮助,鱼就可以在乱石丛中随意游动了。

　　侧线之所以有这样的功能，是与侧线有完整的神经组织有关。在鱼体外表的侧线是些小孔，这些小孔接通皮下侧线管，管壁上分布有许多感觉细胞，靠感觉细胞上的神经末梢，通过侧线神经而直达脑部，形成了一个统一的神经网，使鱼脑能及时地感觉到水的波动，并作出迅速的反应。

为什么把海胆称为"海底刺客"

　　人们习惯于把海胆称为"海底刺客"，这首先与它的长相有关。

　　海胆是一种古老的生物，与海星、海参一样同属棘皮动物，它的身体呈圆球状，有坚硬的外骨骼，全身长满尖而长的刺，每根刺的基部都有活动的关节，所以，根根长刺都可用于行走。它走起路来，像一只刺猬，所以人们把它叫做"海底刺猬"。

　　当然，把海胆称为海底刺客的主要原因，还在于它那周身能够运动的

刺,因为刺是它猎食和防敌的武器。

现在海洋里生存的海胆约有800种,在我国近海定居的有近百种。在热带,有一种著名的毒海胆叫海针,棘尖而细,能穿透人的皮肤,如果折断在皮肤内,会令人痛得发晕。我国南海有一种毒棘海胆也有剧毒,所以,渔民对这个海底刺客望而却步。

然而,海胆虽然长相令人生畏,但它却是一种上乘的海鲜。无论从口味、营养、药用等方面,都可与海参、鲍鱼相比。每年5~8月是海胆最肥壮和采捕的季节。海胆的可食部分是它的生殖腺。雌体深黄色的卵巢和雄体灰白色的精囊都可食用,被日本人称为最佳海味,其营养价值也很高,除含41%蛋白质外,还含有钙、磷、铁、多种维生素,以及泛酸、叶酸、卵磷脂、胡萝卜素等。因此,国际市场上需求量大,价格昂贵。在日本每千克海胆卵售价高达5000日元以上,居海产品售价之冠。我国出售的海胆卵系列食品,如蓝渍海胆、酒海胆、海胆酱等享有盛誉。

食用海胆卵,能促进唾液分泌,有健胃和消食双重功能。对胃和十二指肠溃疡,有消炎和加速溃疡愈合的治疗作用。海胆的棘壳亦可作药用。从棘刺中提取的一种毒素具有调节心肌神经活动和激活心肌功能的药效。目前,我国有关部门正积极进行用海胆提取物抑制人类癌细胞生长的研究。

海胆多数可供食用,如紫海胆、黑海胆、光棘海胆等,但是,也有不少海胆种类因含毒素而不可供食。无毒海胆和有毒海胆的主要区别在于外表和体色。有毒海胆的外表比可食海胆鲜艳美丽,多种色彩,分选时不难辨认。另外采捕海胆时,须防刺手指。

你知道鲍鱼吗

鲍鱼,同鱼毫无关系,倒跟田螺之类沾亲带故。它是海洋中的单壳软体动物,只有半面外壳,壳坚厚,扁而宽,形状有些像人的耳朵,所以也叫它"海耳"。螺旋部只留有痕迹,占全壳的极小部分。壳的边缘有9个孔,海水从这里流进、排出,连鲍的呼吸、排泄和生育也得依靠它,所以它又叫"九孔螺"。壳表面粗糙,有黑褐色斑块,内面呈现青、绿、红、蓝等交相辉映的珍珠光泽。

壳的背侧有一排贯穿成孔的突起。软体部分有一个宽大扁平的肉足,软体为扁椭圆形,黄白色,大者似茶碗,小的如铜钱。鲍鱼就是靠着这粗大的足和平展的跖面吸附于岩石之上,爬行于礁棚和穴洞之中。鲍鱼肉足的附着力相当惊人,一个壳长15厘米的鲍鱼,其足的吸着力高达200千克。任凭狂风巨浪袭击,都不能把它掀起。捕捉鲍鱼时,只能乘其不备,以迅雷不及掩耳之势用铲铲下或将其掀翻,否则即使砸碎它的壳也休想把它取下来。鲍鱼喜欢生活在海水清澈、水流湍急、海藻丛生的岩礁海域,摄食海藻和浮游生物为生。

鲜鲍经过去壳、盐浸一段时间,然后煮熟,除去内脏,晒干成干品。它肉质鲜美,营养丰富。"鲍、参、翅、肚",都是珍贵的海味,而鲍鱼列在海参、鱼翅、鱼肚之首。鲍壳是著名的中药材——石决明,古书上又叫它千里光,有明目的功效,因此得名。石决明还有清热、平肝息风的功效,可治疗头昏眼花和发烧引起的手足痉挛、抽搐等症。

全世界约有90种鲍,它们的足迹遍及太平洋、大西洋和印度洋。我国渤海海湾产的叫皱纹盘鲍,个体较大;东南沿海产的叫杂色鲍,个体较小;西沙群岛产的半纹鲍、羊鲍,是著名的食用鲍。由于天然产量很少,因此价格昂贵。现在,世界上产鲍的国家都在发展人工养殖,我国在20世纪70年代培育出杂色鲍苗,人工养殖获得成功。

你见过会行走的鱼吗

　　印度尼西亚是一个神奇的岛国,它由1万多个岛屿构成,是世界上最大、最复杂的群岛。由于地形独特、气候适宜且人迹罕至,不少地方都是野生动物的天堂。印度尼西亚具有世界上最天然的海域,它的海洋野生动物是神秘的。这里有的海马不足手指甲大,蝙蝠鱼在海底模仿红树林的叶子游泳……所以这里也是海洋动物学家的天堂,常常有许多惊人的发现。科学家在印度尼西亚发现了一条会行走的怪鱼。

　　印度尼西亚的一位潜水者说,他在海底拍摄到了一种奇怪的鱼,它行动的方式不是游泳而是爬行。这条鱼如拳头大小,是在安汶岛附近海域被发现的。它的面部特别扁平,因此具有一个与其他鱼不同的特征,那就是眼睛像人一样向前看,而不是像其他鱼那样向两侧看。这条鱼还有像腿一样的胸鳍,可在海底的缝隙间挪动,一步步前进,模样特别滑稽。这种鱼身上长满了怪异的条纹,不仔细看很难分清它的头部和身体,只有张开嘴才能分清。会行走的鱼的嘴巴也很奇特,突然张开时像一个金属般的漏斗,真是有些吓人。

　　美国华盛顿大学的海洋鱼类学专家特德·皮奇说,这种鱼的身体特征表明,它可能代表着一个新的物种。经过科学家初步判断,这种鱼是一种天使鱼,可暂时命名为"扁平行走鱼"。

　　之前,科学家在这片海域还发现了一种会行走的鲨鱼,它的体型不大,可用胸鳍和腹鳍来支撑身体,在海床上一摇一摆地漫步。为什么印度尼西亚附近的海域会出现一些可爬行的鱼类?可能与这里独特的海床有关系,具体的原因还在考证之中。

你见过颠三倒四的翻车鱼吗

在我国沿海尤其在南海诸岛的辽阔海域,生活着一种形状怪异、体态硕大的翻车鱼,这种鱼看上去好像是有头无身的鱼,故又名"头鱼"。

翻车鱼学名翻车,它体高而侧扁,身体好像被削掉了一半似的,全身只有前半部,鱼尾就看不到了。它的头很小,吻圆钝,眼睛也很小,在上侧位。它生有背鳍,为尖刀状,另有较大臀鳍,与背鳍相对,在体后端相连,形成"舵鳍",边缘呈曲线状。它无腹鳍、尾鳍,胸鳍短小。背侧为灰褐色,腹侧银白色,鳍多为灰褐色。可以说是长得颠三倒四的奇鱼。但据研究,这种鱼在胚胎期与其他鱼种并无异样,只是长大后才逐渐变成这副怪模样的。

说来有趣,鱼大都游泳速度快,但翻车鱼竟没有什么游泳能力,仅仅依赖两片特长的背鳍和臀鳍的摆动来控制方向,缓慢前进或任其随波漂流。它还有个奇怪特性,当天气好时,便会将背鳍露出水面作风帆,随风向漂浮,并在海面上晒太阳;但当天气变坏时,便侧身平浮于水面,以背鳍和臀鳍划水游动。

翻车鱼个体较大,最大者体长可达3~5米,体重更可重达1.5~3.5吨。有趣的是,这么大的鱼,却长着樱桃似的小嘴,看来很不相称。不过,它凭着这张小嘴却能摄食养活自己的巨大身躯。它食性很杂,既食鱼类和海藻,也摄食软体动物、水母及浮游甲壳类。它多栖息在热带、亚热带海洋。翻车鱼虽然数量不多。但它却是鱼类产卵冠军,一般鱼类产卵几百万粒算是多了,而翻车鱼却能产3亿粒卵。不过,由于所产的卵是浮性卵,易被别的鱼类吞食,所以尽管产卵很多,但能真正活的数量却很少,因而捕到翻车鱼是难得的事。

"比目连枝"与比目鱼有什么关系

"比目连枝"是一个与爱情有关的成语。"连枝"指连在一起的树枝,"比目"即比目鱼,传说此鱼只有一目,须两鱼并游。古人也许看到过这类异物,故有"比目连枝"这一成语,比喻有情者不能分离。如元代贾固《小令·寄金莺儿》中即有:"乐心儿比目连枝,肯意儿新婚燕尔。"

为什么称为比目鱼呢? 旧时的注释说:"比目状似牛脾,鳞细,紫黑色,一眼,两片相合乃得行,故称比目鱼。"这注释将比目鱼的形状倒描摹得不错,但是说它只有一只眼睛,而且要"两片相合乃得行"那就错了。比目鱼确是一边有眼睛一边没有眼睛的奇鱼,但那有眼睛的一边,却是两只眼贴近生在一起,并非只有一只。而且比目鱼的性格根本就不喜游动,它在水中游动时也是平游的,不像其他鱼类那样是竖着游的,因此它并不需要"两片相合乃得行"。

比目鱼是一个大家族,既包括鲆科,又有鲽科、鳎科、舌鳎科等远房亲戚。各地的叫法也不同,江浙一带叫比目鱼,北方叫偏口鱼,广东称为左口鱼或大地鱼,也有人叫鞋底鱼,一般统称比目鱼。古时候,有人把鲆和鲽误认为一雌一雄,因为它们成双紧贴排列游泳,有眼的一边向外,似夫妻并肩前进,故有"凤凰双栖鱼比目"的佳话。清人李渔在描写书生谭楚玉和女艺人刘藐姑相爱的故事时,就干脆把剧本定名为《比目鱼》。其实,两条同类的比目鱼是永远合不拢的。

可是,刚孵出来的小比目鱼却不是这副模样,它的两眼长在头的两边。比目鱼的眼睛又是怎么搬家的呢? 鱼类学家发现,小比目鱼长到3厘米长的时候,眼睛就开始搬家了,一侧的眼睛向头的上方移动,渐渐地通过头的上缘,移向另一侧,直到接近另一只眼睛时才停止移动。与此同时,比目鱼逐渐下沉到海底,以后便侧卧于海底,它那有眼睛的一侧总是向上的。不过,不同类的比目鱼眼睛的位置不同,鲆和舌鳎的两眼长在左侧,鲽和鳎的两眼却长在右侧。

在我国广西自治区大罗有一种名叫半边鱼的奇鱼,它们身体的一边凸起有鳞,另一边扁平无鳞且光滑。平时雄鱼和雌鱼总是卿卿我我、耳鬓厮磨地厮守在一起,每当遇上急流险滩时,它们就以扁平的一面紧贴在一块,形成一个整体,齐心奋力溯流而上。如果其中一条鱼游不动了,另一条鱼也绝不会弃它而去。因此,在当地人中流传有"爱情要像半边鱼"的赞美诗句。相形之下,比目鱼就要逊色多了。

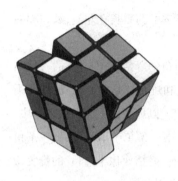

海洋奥秘篇

远古海洋生物蛇颈龙秘密到底有多少

  蛇颈龙是一种早在白垩纪末期灭绝的大型海洋爬行动物,尽管从科学理论上蛇颈龙早已灭绝,但有人曾怀疑尼斯湖水怪可能就是蛇颈龙的后裔。在多年的远古生物研究领域中,蛇颈龙一直被披上了神秘色彩,它为什么长着相当于身体和尾部长度两倍的脖颈?它的胃部为什么藏有大量磨光的鹅卵石?

  澳大利亚昆士兰州发现两具蛇颈龙化石,引起了科学界的高度关注。依据化石样本分析,研究人员找到了这两具蛇颈龙死亡前的"最后晚餐"。传统理论认为蛇颈龙在海洋中主要以鱼、鱿鱼和其他游水动物作为食物,但令他们感到惊奇的是,在化石中竟发现蛇颈龙肠胃中残留着蛤蜊、螃蟹和其他海底贝类动物,这将证明蛇颈龙的食谱要更为广泛,它不仅仅局限于猎食游水鱼类,还可以利用长长的脖颈伸到海底寻觅各种贝壳类、软体类动物。

  在之前对于蛇颈龙的研究中,研究人员曾发现蛇颈龙的胃中有数量不等的磨光鹅卵石,这种磨光鹅卵石被称为"胃石",多年以来,蛇颈龙的"胃石"在科学界一直是富有争议的话题。

蛇颈龙体型庞大,它的脖颈与体躯不成正比,就像一条大蛇穿在乌龟壳中,由于它特殊的身体构造,使得它不能将四肢抬起超过臀部将身体完全潜入水中。因此,主导理论认为,蛇颈龙在猎食中不能很灵活地潜入水中捕捉猎物,于是吞下许多鹅卵石帮助减少浮力,不再漂在水面上。据悉,研究人员在对澳大利亚出土的这两具蛇颈龙化石分析过程中,发现其中一具蛇颈龙胃部竟包含着135块"胃石"。

"胃石"在蛇颈龙胃中究竟实现着一种什么功能呢? 纽卡斯尔大学的研究人员亨利认为,蛇颈龙体内"胃石"的主要作用可能是帮助消化,蛇颈龙在海底觅食会吞下许多蛤蜊、螃蟹等带有甲壳的动物,胃中难免会留下难以消化的贝壳残物。正是这种鹅卵石在胃中将难以消化的贝壳磨碎促进蛇颈龙的食物消化,长时间之后鹅卵石也被磨得十分光滑。

研究人员指出,胃石有助于消化与早先科学家所提出胃石控制浮力的理论并不产生冲突,有可能胃石至少具有这两种功能。目前,科学家们将进一步探索蛇颈龙这种远古海洋爬行动物,让人们更多地了解和认识它。

神出鬼没的海洋巨蟒到底是何方神圣

公元9世纪,阿尔弗雷德大帝,一位多次阻遏丹麦大军入侵英伦且智慧博学的英格兰国王,在他的羊皮纸簿中写道:"在深不可测的海底,北海巨妖正在沉睡,它已经沉睡了数个世纪,并将继续安枕在巨大的海虫身上,直到有一天,海虫的火焰将海底温暖,人和天使都将目睹,它带着怒吼从海底升起,海面上的一切都将毁于一旦……"

北海巨妖,即北欧传说中的巨大海怪,或称海洋巨蟒,通常至少有30米长,平时伏于海底,偶尔会浮上水面,有的水手会将它的庞大躯体误认为是

一座小岛。这种海怪威力巨大,可以将一艘三桅战船拉入海底,因而说起这种海怪,人们往往会不寒而栗。那么,这种言之凿凿的传闻是真的吗?

1817年8月,曾在美国马萨诸塞州格洛斯特港海面上亲眼见过海洋怪兽的索罗门·阿连船长记述道:"当时,像海洋巨蟒似的家伙在离港口约130米左右的地方游动。这个怪兽长约40米,身体粗得像个啤酒桶,整个身子呈暗褐色,头部像响尾蛇,大小如同马头。它在海面上一会儿直游,一会儿绕圈游。它消失时,会笔直地钻入海底,过一会儿又从180米左右的海面上重新出现。"

这艘船上的木匠马修和他的弟弟达尼埃尔及另一个伙伴,同乘一条小艇在海面上垂钓时,也遇到了巨蟒。马修之后回忆说:"我在怪兽距离小艇约20米左右时开了枪。我的枪很好,射击技术也不错,我瞄准了怪兽的头开枪,肯定是命中了。谁知,怪兽就在我开枪的同时,朝我们游来,没等靠近,就潜下水去,从小艇下钻过,在30多米远的地方重又浮出水面。要知道,这只怪兽不像平常的鱼类那样往下游,而是像一块岩石似的笔直地往下沉。我是城里最好的枪手,我清楚地知道自己射中了目标,可是海洋巨蟒似乎根本就没受伤。当时,我们吓坏了,赶紧划小艇返回到船上。"

类似的经历发生在1851年1月13日清晨,美国捕鲸船"莫侬加海拉"号正航行在南太平洋马克萨斯群岛附近海面。突然,站在桅杆瞭望的一名海员惊呼起来:"那是什么?从来没见过这种怪物!"船长希巴里闻讯奔上甲板,举起单筒望远镜向远处看去,"唔,那是海洋怪兽,快抓住它!"随即,从船上放下三条小艇,船长带着多名船员手执锋利的长矛、鱼叉,划着小艇向怪兽驶去。真是个庞然大物,只见这只怪兽身长足有30多米,颈部也有几米粗细,最不可思议的是身体最粗的部分竟达10米左右。该兽头部呈扁平状,有清晰的皱褶,背部为黑色,腹部则为暗褐色,中间有一条不宽的白色花纹。这怪兽犹如一条大船,在海中游弋。目睹此景,船员们一时都惊呆了。"快刺!"当小艇快靠近怪兽时,船长声嘶力竭地喊道。十几只鱼叉、长矛立即向怪兽刺去，顿时，血水四溅，受伤的怪兽在大海里挣扎、翻滚，激起阵阵巨浪。船员们冒着生命危险，与怪兽殊死搏斗，最后怪兽终因寡不敌重，力竭身亡。船长将怪兽的头切下来，撒下盐榨油，竟榨出10桶像水一样清彻透明的油。遗憾的是，"莫侬加海拉"号在返航途中遭遇海难，仅有少数几名船员获救，他们向人们讲述了这个奇特的海洋怪兽的故事。

1848年8月6日，英国战舰"迪达尔斯"号从印度返回英国，当战舰途经非洲南端的好望角向西驶去约500千米时，瞭望台上的实习水兵萨特里斯突然大叫了起来："一只怪兽正朝我们靠拢！"船长和水兵们急忙奔到甲板上，只见在距战舰约200米处，那只怪兽昂起头正朝着西南方向游去，这只怪兽仅露出水面的身体便长约20多米。船长拿着望远镜紧紧盯着这只渐渐远去的怪兽，将目睹的一切详细记载在当天的航海日志上。回到英国，船长向海军司令部报告了此事，并留下了亲手绘制的海洋怪兽图。

类似的目击事件不胜枚举：1875年，一艘英国货船在洛克（音译）海角发现巨蟒，当时它正与一条鲸鱼搏斗。1905年，汽船"波罗哈拉"号在巴西海湾航行时，发现巨蟒正与船只并驾齐驱，不一会儿，如潜水艇般下沉，在海中消失。

1910年，在洛答里海角，一艘英国拖网船发现巨蟒，它正抬起镰刀状的头部，朝船只袭来。1948年，一艘在肖路兹（音译）群岛海面上航行的游览船，有4名游客发现身长30余米、背上长有好几个瘤状物的巨蟒。

迄今为止虽然有很多人都见过海洋巨蟒，但它究竟是何等动物，是冰河孑遗，还是海洋中的未知物种，仍然是一个未解之谜。

鲸类走向海洋之谜

唐代大诗人李白曾用诗歌"长鲸正崔嵬，额鼻象五岳，扬波喷云雷"，夸张而形象地描述了鲸的体态特征和生活习性。经科学家研究证实,鲸类并非一直生活在海洋中,而是大约于5000万年前才开始用4条腿从陆地走向海洋,并逐渐在海洋中定居。为适应海洋生存环境,鲸类祖先的后肢不断退化并几乎完全消失,而前肢却进化成鳍状肢。那么,鲸类鳍状肢的出现是由什么原因造成的呢?是否是基因变异的结果?

据生物学家研究,绝大多数动物的身体器官都受其体内一个名为Hox的"建筑师"基因家族控制。而动物的前肢发育一般都受到该基因家族特别是Hoxd12和Hoxd13基因控制。这两个基因的突变,会导致动物前肢畸形,如并指症、多指症等。实验表明,这两个基因可以调控手指的个数。

研究人员通过对鲸类和其他哺乳动物类群的Hoxd12和Hoxd13基因测序,发现了这两个基因在鲸类鳍状肢的起源与分化中起到了重要作用,即鲸和现存的河马、牛、猪等偶蹄目动物具有同一祖先,前肢都有4个独立的指头,但是由于这两个基因突变,鲸类祖先的前肢多长出了1个指头,并且指间长出了蹼。在其后鲸类的再次进化过程中,部分须鲸(鲸的一类,如蓝鲸)的前肢却又从5指进化成4指,恢复了进化前的指头数量。

为了验证这一研究成果的正确性,研究人员在1年多的辛勤实验中,还分析了其他多种不同哺乳动物的这两个基因,比较其基因序列的差异,这些动物包括翼手目的蝙蝠、灵长目的猴子、食肉目的獾等20多个物种。结果发现这两个Hoxd基因在鲸类的平均进化速率,均显著高于其他哺乳动物类群的平均进化速率。同时结合古生物学、形态学和解剖学的相关研究,研究者最终认定,Hoxd基因的适应性进化时间(也称"达尔文选择")与鲸类鳍状肢的宏观进化时代完全相符,是自然选择的结果,而非偶然形成的。

神秘海妖之谜

相比湖怪,也许海妖更神秘一些。因为不管怎么样,湖里的水可以抽干,海里的水恐怕就不容易了。

布赖恩·牛顿在《怪物与人》一书中,对德国潜艇U28在1915年用鱼雷击沉英国汽船"伊比利亚"号进行了生动的描述。当"伊比利亚"号下沉时,它在水中发生了巨大的爆炸。德国潜艇指挥官乔治·巩特尔·费黑尔·冯·福斯特纳和他的艇员惊异地看到,一个巨大的海怪被这爆炸抛向空中。目击者说,它至少有18米长,而且看上去像一条巨大的鳄鱼,但它却长有4只带蹼的脚和一条尖尖的尾巴。

亚里士多德(公元前384—公元前322年)在《动物历史》一书中写到:"在利比亚,蛇都非常大。经过海岸的水手们说他们看到许多牲口的骨头,在他们看来,这些牲口是被蛇吃掉的。而且,在他们继续航行时,那些蛇过来攻击他们,它们爬上一条三层船上并将它倾覆。李维(公元前59年—公元17年)记述了一个巨大的海怪,它甚至扰乱了布匿战争期间无所畏惧的罗马军团。最后,它被罗马军团的重型弩炮和投石器摧毁,这些弩炮和投石器被正式保留下来,用以征服围绕城市的筑垒。

《自然历史》的作者普林尼(公元23—79年)曾提到,有一支希腊部队按马其顿国王亚历山大的命令在进行探险,他们在波斯湾受到了有9米长的许多海蛇的攻击。

尽管这些海蛇状的怪物可能会是形状巨大的、速度很快的和强壮的怪物,但是与一位澳大利亚潜水员从南太平洋所报告的"怪物"相比,它们都显得无足轻重。那是1953年,这位澳大利亚潜水员使用当时最新型的设备,正进行一项破记录的潜水。有一条4.5米长的鲨鱼尾随着这位潜水员,当这条鲨鱼盘旋地向下游到他的上方时,它似乎很好奇,并没有攻击的意思。潜水员来到一处暗礁并停了下来。在暗礁下方有一巨大的深沟。这条深沟似乎是向下永远地通向未知的黑暗世界。他不打算再往下走了，只是站在暗礁上四处观察。鲨鱼距离他有9米，相对高出他6米。

突然海水变冷了。"怪物"从暗礁下面那巨大的黑洞中冒了出来。他形容说，它是一个平平的、褐色的东西，有一个球场那么大，深褐色，而且很慢地收缩。它从他和暗礁边漂浮上去，此时他一丝不动地站在那里。那条鲨鱼也没有动，或许是因为那东西从深洞中带出的寒冷，或许是因为极度恐惧（如果鲨鱼的大脑能够体验到这种心情的话）。这位吓坏了的潜水员看到，那张活生生的大被单一样的东西抓住了鲨鱼，这条鲨鱼无助于事地挣扎着，然后随着那怪物沉了下去。潜水员继续看着直到它消失在黑暗之中。渐渐地，水温又恢复了，他也谢天谢地安全地返回到了水面。

那么，海怪会是什么样的呢？有没有一种全都包容的理论呢？或者，也许我们正在寻找几种适合不同目击情况的特定假设？这第一个最可信的解释就是，人类正在注意到来自较早时代所幸存下的动物，或者人类正在注意到那些幸存下来的动物们的变异后代，它们沿着不同的演变过程进化而来。这个世界很大，湖泊和大洋很深，足以容纳下大量人类未曾见过的巨大的和神秘的怪物。未知领域并未完全消失，我们对大洋深处的了解不及我们对火星表面的了解。

更随意的推断也许会得出这样的可能性，即海怪不仅对人类是陌生的，而且对这个地球也是陌生的。体积这么大的东西需要更大的飞船，要比人类登月的飞船还要大。当然，体积的大小不会成为星际旅行的最终障碍。许多古代的人们都拜奉水神，以至于好思索的人文历史学家有时会怀疑，是否那些鬼怪似的半水生动物来自"其他的地方"，也许在海洋最深的隐蔽之处留下了他们的战马、宠物或他们的后代。

正如卑尔根市的主教埃里克·庞托比丹1755年在他的《挪威自然历史》一书中写到：

"假设有这种可能,即海洋的水能被排出,而且会被某种特大事故排空,那么,令人难以置信的无数的和各种非同寻常而又令人惊讶的海怪就可能展现在我们的眼前,这些都是我们完全未知的事物!人们为海洋动物的存在而争吵,认为它们的存在是虚构的,而眼前的这番景观马上就会确定关于海洋动物的许多假设的真实性。"

你知道面目狰狞的深海生物吗

在大洋深处有许多稀奇古怪、面目狰狞、令人恐怖的海洋生物,让我们认识一下它们。

尖牙因牙大而得名,属于金眼鲷目,中文名也叫角高体金眼鲷,样子看起来颇具威胁性,可怕的外表让它得到"食人魔鱼"这样恐怖的名字。尖牙栖息在大洋中特别深的地方,尽管它们最常栖息的地方是500～2000米,但深到5000米处的深渊带中部都是它们的家。此处的水压大得可怕,温度接近冰点。这里食物缺乏,所以这些鱼见到什么就吃什么,它们多数的食品可能是从上面几层海水中落下的。尽管这种鱼并不怕冷,但是它们生活在热带和温带海洋的深处,因为那里才有更多的食品从上面落下。

巨型深海大虱属于甲壳纲等足目,是已知等足虫类动物中最大的成员。这种大个头甲壳动物虽然不是吃素的,但也并不是什么凶猛动物,它们终生只是在洋底打扫动物尸体。由于海洋深处食物缺乏,所以深海大虱必须适应上边掉下来什么就吃什么的生活。除了依靠天上掉馅饼外,它们还吃和它们居住在同一深度的小型无脊椎动物。

毒蛇鱼一般在海面下80～1600米的水层出没,是这个深度的海洋中看上去最面目可憎的鱼类之一。有一些毒蛇鱼全身是黑色的,在身体的某些地方长有发光的器官,包括一个用来作捕食诱饵的长长背鳍。还有一些毒蛇鱼因为不含有任何的色素成分,所以它们看起来是"透明"的。为了在黑暗的海底收集到更多的光线,它们还有大大的眼睛,而发光器官是通过一些化学过程实现发出光芒的效果。

吞噬鳗是一种典型的深海鱼,是大洋深处相貌最奇怪的生物之一。吞噬鳗最显著的特征就是它的大嘴,这种鳗鱼没有可以活动的上颌,而巨大的下颌松松垮垮地连在头部,从来不合嘴。当它张大嘴后,可以很轻松地吞下比它还大的动物,因此它在西方得到"伞嘴吞噬者"的名称,而在中文中被叫做"宽咽鱼"。

深海龙鱼又叫黑巨口鱼,属于巨口鱼目。虽然体型不大,却是一种凶恶的捕食者。它有一个大头,以大量又长又尖的獠牙武装,用一个发光器钓饵。它们生活在1500米深的海底,在这样极暗的环境中,黑巨口鱼的眼睛进化成筒状,在大型水晶体下面密布着感光细胞。

吸血鬼乌贼身体上长着两只大鳍,形态有些像水母。吸血鬼乌贼是一种发光的生物,身体上覆盖着发光器官,这使得它们能随心所欲地把自己点亮和熄灭,当它熄灭发光器时,它在自己所生存的黑暗环境中就可以完全不被发现。

鮟鱇鱼俗称结巴鱼、哈蟆鱼、海哈蟆、琵琶鱼等,属硬骨鱼类,鮟鱇目、鮟鱇科,为世界性鱼类,大西洋、太平洋和印度洋都有分布,种类多样,体长最大可达1~1.5米。

我国有两种,一种叫黄鮟鱇,另一种是黑鮟鱇。前者下颌齿多2行,口内白色,臂鳍条8~11根;后者下颌齿多3行,口内有黑白圆形斑纹,臂鳍条6~7根。黄鮟鱇分布于黄渤海及东海北部,黑鮟鱇多见于东海和南海。

长吻银鲛分布于大西洋和太平洋,栖息于深海2600米或更深处。它们在夜间活动,出水即死亡。食贝类、甲壳类和小鱼。其肉可食,肝可制鱼肝油。

科芬鱼有一个柔软的身体和一个长尾巴,周身都被小刺所覆盖,科芬鱼能够长到10厘米长。这种生物能够在东印度洋1320~1760米深的海面下捕获到。

巨型鱿鱼是世界上最大的动物之一,也是最大的无脊椎动物,属于头足纲,枪形目,巨型鱿鱼科,也把它称为"大王乌贼",它是许多古代海怪传说中的主角。尽管所有那些对它神乎奇神的报道都没有得到正式确认,但在许多图画中它们都被画成可怕而强大的掠食者。

"明"长寿探秘

一种名为"明"的蛤类动物经鉴定被确认为世界上最长寿的动物。它生长在冰岛海底,其贝壳上的纹理显示,它现在的年龄已达到405岁。"明"是一种圆蛤类软体动物,因为其生长初期正好处于中国明代而得名。

英国班戈大学海洋科学学院的科学家在大西洋北部的冰岛海底捕捞到3000多个空贝壳和34个存活的明。这些明长度约为8.6厘米。随后,英国慈善机构斥资4万英镑委托专家研究这些动物的确切年龄及其在海底的生长过程。

因为明身上的贝壳共有405条纹理,科学家们最后断定,这些动物已经存活了405年。它们比此前发现最长寿的动物还年长31岁。

明贝壳上的纹理不但是人们断定其确切年龄的依据,也使其成为记录环境变化的活标本。据科学家介绍,明的贝壳只有在夏季才会生长。在海水温度较暖,并且食物充足的情况下,明的贝壳上每年都会长出厚度约为0.1毫米的一条纹理。正因为明贝壳上每条纹理的厚度取决于当时所处的环境,因此,人们可以以此为据,了解当时海底的生态环境以及气候变化。

研究明的海洋生物学家说,明贝壳上的纹理就像是树上的年轮,我们

知道海洋圆蛤通常能活200多年,并将气候记录"编入"贝壳中,根据这些数据,我们可以建立北大西洋气候变化的详细图表。

目前,由于明在研究过程中死亡,它们的肉体部分已被取出,剩下的贝壳将继续用于科学研究。

限于目前对软体生物的认识程度,科学家还无法得知明是如何在长达数世纪时间内在海底生活。"我们需要破解它们是如何在这么长时间内保持肌肉活力,防止发生病变及保持神经系统完好无损的。"研究人员说。明可能一直处在一种安静而安全的生长环境中,以使自己长时间存活。正因为这种有些"无聊"的生活,明的繁殖能力可能较差。

尽管破解明的长寿之谜并非易事,但是明的发现为人类探索如何在数百年中保持健康提供了机会。

磁 性 动 物 之 谜

瑞典自然历史博物馆的研究人员在印度洋西南部发现一种稀有的奇异海螺。这种海螺的甲壳中含有铁磁性物质,甚至能够吸住研究人员的铁制仪器,因此被认为是迄今所发现的世界上首种磁性动物。

研究人员曾向海洋中投入了几艘无人小潜艇,深入到几百米的海底去寻找温泉。这些潜艇找到温泉后,开始收集水样和生物。温泉是近年来研究的热点之一,因为高温和矿物质形成了温泉附近独特的生态环境,那里的动物也就显得与众不同。温泉口是稀有动物群体生活的场所,能帮助人类更好地了解地球原始生物进化、适应过程和它们的生活历史。另外,它也是自然生态系统的一个组成部分,因此人类要像保卫自己家园一样竭尽全力保护它。

新发现的磁性海螺也是生长在温泉附近,当研究人员用铁夹检查它们的外壳的时候,甲壳紧紧地吸在铁夹上,要用力才能取下来,所以研究人员发现了这种外壳含有铁质并带有磁性的海螺。温泉喷出的水流为黑色,其中富含铁元素,水流的温度高达400℃,在温泉的周围生活着许多细菌,它们不怕高温,以温泉中的硫化铁等矿物质为食。磁性海螺在生长的过程中,大量食用这些温泉细菌,也就吸收了硫化铁,形成了自己的铁制外壳。海螺生活在这层外壳里十分安全,一般的肉食海洋动物都咬不破它们的甲壳。

研究人员表示,研究这种磁性海螺有利于了解古生动物的进化历史。虽然目前还没有发现其他的磁性动物,但是在距今500万年前的寒武纪时代,海洋中存在着大量的磁性甲壳动物。那时的海底地壳还不稳定,其中有大量的温泉和火山口,海底的含铁量也比现在大得多,温泉细菌遍布海底。好在那些甲壳动物生活领地比较固定,不大四处跑动。我们可以想象一下,若是两只磁性甲壳动物撞到一起,彼此就会吸引在一起,也不知道它们有没有力气相互分开。

海 参 长 生 之 谜

海参,是我国古人给它起的名字,"其性温补,足敌人参",故此得名。海参是生长在海洋底层岩石上或海藻间的一种棘皮动物,又名海黄瓜、沙噀。海参共有800多种,可供食用的仅有20多种。海参品种因地而异,我国西沙群岛和海南岛盛产梅花参、乌元参等;福建和浙江出产肥皂参、光参;而北方海产唯有刺参,它是食用海参中较名贵的品种。

从水族馆观察活海参的外形,其相貌相当丑陋,它那细长圆状的躯体,肉多而肥厚,体表长满像肉刺似的东西,无怪乎人们形象地称它叫"海黄

瓜"。别看海参其貌不扬,生存历史却让人惊诧,它比原始鱼类出现还早,在6亿多年前的前寒武纪就开始存在了。经古生物学家对海参的骨片化石进行系统研究,它已成为地层古生物工作者划分地层和研究古地质的一项重要依据,甚至成为侏罗纪的标准化石。我国古生物工作者在四川华莹山和浙江长兴的二叠纪(距今2亿多年前)的地层中,都发掘到海参的骨片。

海参深居海底,不会游泳,只是用管足和肌肉的伸缩在海底蠕动爬行。爬行速度相当缓慢,1小时走不了3米路程。它生来没有眼睛,更没有震慑敌胆的锐利武器。如此这般,亿万年来,在弱肉强食的海洋世界中,它们是如何繁衍至今而不绝灭的呢?

人们都知道,陆上的有些动物如蛇、蝙蝠、青蛙、刺猬、熊等都有冬眠的习性。在寒冷的冬季里,水冷草枯,觅食困难,它们只好躲藏在各自的巢内,靠体内的养分维持生存。海参却反其道而行之,偏选择在食物丰盛的夏季休眠。就拿刺参来说,当水温调至20℃时,它便不声不响地转移到深海的岩礁暗处,潜藏石底,背面朝下。刺参一睡就是三四个月,这期间不吃

不动,整个身子萎缩变硬,待到秋后才苏醒过来恢复活动。

奇怪,海参为什么要在夏季休眠呢?

海洋学家解释说,平日里,海参靠捕食小生物为生,而这些小生物对海水温度很敏感,海面水暖,它们则往上游,水冷则潜回海底。入夏之后,海面暖和,这时生活在海里的小生物,纷纷到上层水域进行一年一度的繁殖,而栖身海底的海参没本事追随。迫于食物中断,海参只好藏匿石下休息保养。

面对危机四伏的海底环境和凶残狡诈的各种敌害,海参以特殊的斗争形式保护自己。

风起浪涌,会把附着不力的海参卷入危险境地。但海参能预测天气,当风暴即将来临之际,它就躲到石缝里藏匿起来,当渔民发觉海底不见海参时,就知道风暴即将来临便赶紧收网返航。

海参能像对虾一样,随着居处环境而变化体色。生活在岩礁附近的海参,为棕色或淡蓝色;而随居在海带、海草中的海参则为绿色。海参这种变化的体色,能有效地躲过天敌的伤害。

尽管如此,海参总免不了一些特殊的侵害,于是它形成了一套特殊的生存护身妙术。当阴险狡猾的海盘车,贪婪凶恶的大鲨鱼垂涎欲滴地偷袭过来时,警觉的海参迅速地把体腔内又黏又长的肠子、树枝一样的水肺一古脑儿地喷射出来,让强敌饱餐一顿,而自身借助排脏的反冲力,逃得无影无踪。当然,没有内脏的空躯壳海参并不会死掉,大约经过50天时间,又会生出一副新内脏,以原有模样出现在海洋生物大家族之中。

海参除了有排脏迷敌的绝招外,还有像海星一样的"分身"功能。将海参断为数段,投放海里,经过3~8个月,每截又会长成完整的活参。有的海参还有自切本领,当海参感到外界环境不适宜时,能将自身切成数段,以后每段又会长成新的个体。当渔民捕到海参时,若不及时加盐、矾加工,它便自溶成为一滩水。

　　海参适应生态环境变化趋利避害的本领令人惊叹不已,但在它体内出现两种奇异现象又令人困惑不解。

　　海参与光鱼和谐共生。这种光鱼又称潜鱼,体型小而光滑,时常钻进海参的体腔内寻找食物或躲避敌害。光鱼出入参体的动作既麻利又滑稽:先是用小脑袋探寻海参的肛门,接着把尾卷曲先插入,然后伸直身躯,再向后蠕动,一直到完全钻入寄生的体内为止。有人发现,在一只海参的体内竟栖居7尾以上的光鱼。光鱼白天把参体当做舒适的寓所,夜里出来寻找一些小甲壳之类的动物充饥。不幸的海参做了受寄主,非但得不到一点好处,反而使其内脏器官遭到损毁。尽管如此,彼此和睦共处,从不分离。凡是比较接近海岸的海参,几乎没有光鱼潜伏寄生,而栖息深海的海参,一般都有一尾或多尾光鱼隐伏体中。

　　几年前,人们惊奇地发现,海参的皮下贮存着一个小的纯铁球。小铁球的直径只有0.002毫米。至今也无法解释这个小铁球对海参有什么用处。据猜测这个小铁球可能是作为食物困难时的贮备,以备可以用其体内的纯铁球与贫铁食物进行组合。

　　弄清海参贮存铁球以及与光鱼共生关系,对于揭开海参长生的奥秘无疑是有极其重要的作用。

鱼龙天绝之谜

　　在贵州关岭的土壤下埋葬着一个几亿年前离奇灭亡的庞大的古生物群落,其中竟然存在着一种令世人迷惑了几百年的海洋怪兽——鱼龙。几十年前,首次来做科研的地质学家许德佑牺牲了生命;几十年后,第二批来到这里做调研的地质学家也不幸遇难。一番曲折之后,科学家终于找出了鱼龙灭绝谜题的最终答案。

神秘鱼龙化石的出现,引起了科学家对鱼龙灭绝谜题的高度兴趣。

1998年的一天,两名地质学家在市场上无意发现一块形状奇特的化石,化石显示的是一只史前动物的头部,原来这是一种珍贵之极的龙化石,是在恐龙出现之前的2500万年就已经称霸海洋的巨型怪兽——鱼龙,它们出现在贵州一个名叫关岭的山区。

关岭是一个典型的山区,在不同地点,海拔相差能够达到上千米。通过分析,地质学家确定关岭地区的表面地层,大致属于地质年代分期当中的三叠纪时期,那是一个恰好在普通人熟悉的侏罗纪之前的时期。然而,具体挖出鱼龙等化石的地层到底是三叠纪时期中的哪一个或哪几个阶段,这还需要进一步调查。

专家们在关岭的乱石堆里发现了菊石。这是一种在地质学界早有定论的化石,只要有它的出现,就说明其所属地层应该是三叠纪晚期的地层,如果这真的就是鱼龙的所属地层,那么关岭鱼龙的所属年代就是晚三叠纪。现代地质研究表明,在漫长的地质时代,地球上曾经经历过无数次生物灭绝事件,而晚三叠纪期间,恰好就存在过一次中型生物灭绝事件。

如此众多的鱼龙灭亡在关岭,会不会正是那一次灭绝事件的结果呢?刚开始挖掘,他们就挖掘到了一个鱼龙化石,而接下来还挖出了大量和鱼龙相似的海生爬行动物,比如形体稍小的海龙、长相酷似乌龟的楯齿龙等,另外还有腕足类、双壳类、菊石类一些植物化石。

从挖掘出土的化石来看,这里显然并不仅只是一个埋葬鱼龙的坟场,而是一个史前生物大灭绝的现场。如此众多的生物,为什么集群灭亡在了关岭?研究人员决定,把挖出来的化石有选择地运回宜昌地调所。

鱼龙属于深海动物,为什么会在关岭的浅海区域发现如此众多的鱼龙?

回到宜昌地调所后,研究人员把最引人注目的鱼龙作为了研究的头号对象。按照古生物形态结构的结论,游泳的爬行动物在演化历程中,经历了尾巴加长、变扁的整体趋势。但研究人员眼前的鱼龙尾巴却是圆的。按照常理,它的尾巴应该比较扁。

研究人员不禁有了一个大胆的猜测,这个圆尾巴会不会正说明关岭鱼龙的进化没有符合最适于生存的模式,而这又会不会与它的灭亡有一定联系呢? 然而就在此时,小组中其他一些成员的研究结果出来了。

出人意料的是,他们的结果却推翻了研究人员的猜测。专门研究菊石的专家,对从关岭带回的所有菊石进行了仔细研究。专家认为,关岭粗菊石的化石说明它属于卡尼期,卡尼期是晚三叠纪当中一个更细微的分期,而非晚三叠纪。

随后又有专门研究牙形石的专家给出了结果。牙形石的鉴别也说明,关岭生物群的具体年代的确属于卡尼期。那么,生活于卡尼期的关岭生物群,显然无法受到其后1000多万年才发生的生物灭绝事件的影响,事实说明要找到关岭生物群灭亡的原因,从现在开始必须改变原有的思路。

与此同时,小组里的其他成员也在分工研究,然而他们的工作也并不顺利,只有研究腕足类的专家发现,关岭生物群的生活区域竟然属于浅海区。

这个结论让研究鱼龙的研究人员又一次感到了迷惑,根据国外的资料显示,鱼龙属于深海动物,那么,在关岭那个浅海区域为什么会集群死亡如此众多的鱼龙呢? 事态发展得越来越扑朔迷离,鱼龙的死亡地点是如此蹊跷,这和整个关岭生物群的集群灭亡是否有着某种联系呢?

尽管鱼龙的形体在游泳中并不占优势,但也无迹象表明这会导致它的灭亡。

研究人员开始详细对鱼龙身体的各个部位进行分解研究,这是一只身长大约七八米的鱼龙头部,其上最显眼的就是它的一双大眼睛。

鱼龙的眼眶近椭圆形,直径占到了头骨全长的16.9%,而组成眼眶的泪骨和前后额骨等骨骼组织都非常发达。这是一双能够在极低的深海光线之下也能正常寻食的眼睛，单是这样一双眼睛就能够证明，关岭鱼龙和世界其他地方发现的鱼龙一样，都应该是生活在深海区域的动物。一种深海动物，为什么趋之若鹜地奔赴关岭这个浅海区域，直到最终灭亡也不离去呢？

根据对鱼龙背部骨骼的分析，研究人员推测，关岭鱼龙没有背鳍。而对于一种游泳的动物来说，背上没有鳍显然不利于在游动当中保持身体的平衡。再结合关岭鱼龙整个的身体形态，它们普遍身形巨大，尾巴也极长，几乎占到了整个身长的1/2，尽管这并不是一种能在游泳中占优势的形体。但也没有迹象表明，它们已经达到了不适于生存的地步。

研究人员觉得，对鱼龙的研究要进入到探寻生存环境的阶段。这一次，在挖出的地层断面上发现了大量海百合化石。也就是说，这是含龙地层，是关岭生物群最集中的一个地层。接下来，里面就露出了颜色乌黑的黑色页岩。

研究人员曾推测，被保存成这样的海百合，一定身处在一种极为特殊的环境下，因为海百合是一种娇嫩的海生动物，如果没有特殊环境，它们在死后就会被海水迅速冲散。

这样的黑色岩层，是否就代表着那种特殊环境呢？经过对黑色岩石进行碳氧同位素测试，结果表明其中有机碳含量极高，这是缺氧的特殊环境条件造成的结果，而缺氧的环境是保存娇嫩生物的最佳场所。

关岭地区为什么会缺氧？缺氧是否造成关岭生物群全体灭亡？

就在此时，古植物专家又有了新发现。放大镜下，植物叶片化石上的纹路展露无遗，这种叶片名叫木贼，属于苏铁类植物。苏铁类植物生在亚热带地区，说明当时这个地方属于亚热带气候。

这个结论对研究人员来说，简直是一个绝妙的消息，因为亚热带气候是一种能够促使各种生物大量繁殖的气候条件，而生物大量繁殖，将直接促使氧的缺乏……研究人员觉得那绝不是一个毫无破绽的结论。

　　很快,破绽出现了。专家发现海百合是附着在树干上,在海里漂浮生长的,如果说水体缺氧能使生活在海底的生物丧失性命,那么,像海百合这样始终漂浮在海水表层的生物又怎么可能因缺氧而死?

　　研究人员又想起来一处特殊地层构造,这个地层和普通地层不同,它出现了严重倾斜,这是典型的海退现象在地层上的反映。根据古地理学的板块运动学说,从晚古生代到三叠纪,滇黔桂三省区和越南北部有南盘江海长期发育。关岭正处于南盘江海的北部。经过几亿年的板块运动,进入晚三叠时期,关岭海域终于成为一个局限盆地。

　　最终,研究人员作出大胆结论:关岭是一个地属亚热带气候的海域,宜人的气候与丰富的食物把原本生活在深海区域的鱼龙吸引到了这里。然而,由于板块运动与全球性大海退,关岭渐渐演变为一个局限海域,来不及返回深海的鱼龙只好留在这里生活。这样的日子也许持续了上百万年,但各种生物越来越繁盛,一场恶梦逐渐进入酝酿之中。随着生物的无限增多,关岭的居住环境越来越局促,海水中的氧气越来越稀薄,一些底层生物开始渐渐死去。而板块运动又带来频繁的地震等地质事件,强烈的震动使本来已经缺氧的海水布满了整个海域。没有人能够想象,在这样的环境下,关岭的生物们还坚持了多久。但是它们别无选择,最终逐一走向灭亡。

化石饼中石鱼之谜

　　在非洲的马达加斯加岛西北部的一个村子附近,人们无意中发现一种包裹着鱼的石头。从外表看,这些石头与普通石头没有什么区别,扁平的样子,呈灰黄色。然而,如用锤子敲击石头的侧面,石头会分层裂开。从裂开的对称石质面上,可以清楚看到一条较为完整的鱼深深地嵌在石面上。鱼的纹路清晰可辨,形状、大小和今天热带海洋中生活的一种鱼差不多。

经过古生物学家辨认,这种鱼在地球上早已绝种。由于这种鱼是化石饼层内发现的,人们就给它起了个名字,叫它"石鱼"。经初步鉴定,这种石鱼可能生活在1.8亿年前的古海洋中。经过研究,人们惊奇地发现,绝大部分的化石饼中的鱼,都保存完好,放到显微镜下都能看清石鱼的眼神经和颈动脉痕迹。

在研究探讨石鱼的过程中,有关石鱼的种种疑问被一个个提出来了,一些问题至今还没有找到令人信服的解释。

第一个疑问是,这种古海洋中的热带鱼是怎么进入"石套"中的。从人们获得的化石资料看,几乎每块石饼的形状和它内部所包藏的鱼都差不多,完全可以确定,它们都是同一种鱼。因此,人们这样解释这些鱼的"石化"过程:大约在亿万年前,在有机体腐蚀和其他化学作用下,海水中产生大量的氧化硅结晶体。一群群的鱼突然遭到某种外力的作用,例如大规模的火山喷发或是大地震,使鱼群死亡。氧化硅结晶体把死鱼包裹起来。开始时,鱼身上的硅化物呈膜状,可能并不厚,但随着时间的推移,硅化物越结越厚,把鱼从外面用石质全部套起来了。但是,质疑也由此提出来了,假如这些鱼果真是在一次大的火山喷发中被"石化"的,那么,在这些化石中,为什么只有这一种鱼,而无其他的海洋生物?而且,鱼是非常容易腐烂的有机体,为什么这些鱼能如此完好地被保存下来?

第二个疑问是,这种鱼为什么在马达加斯加岛上能够存在,而且数量那么多?在别的地方也会有这种鱼吗?果然,人们又在北海、格陵兰海和斯匹次卑尔根海岸的岩石中,也发现这种石鱼。人们把这几处发现的石鱼标本比较研究,发现它们之间很相似,不仅它们石化的时间差不多,其鱼类的类别也差不多。这就是说,地球各处的石化鱼的石化过程是一致的。那么,从今天的地理环境看,北海和马达加斯加岛之间,相隔数千千米,可见这种鱼在当时的古海洋中分布是很广的。然而,事实上这种被石化的鱼是在后来的中生代才形成"化石饼"的。那么,这种古地质变化在地球上可能

发生过不止一次,或者说,这可能是在不同海域中分别发生的。

世界上真的有美人鱼吗

1958年,美国国家海洋学会的罗坦博士,在大西洋5千米深的海底,摄到一些类似人的海底足迹。1963年,在波多黎各东南海底,美国海军潜艇演习时,发现了一条怪船,时速280千米,无法追踪,人类现代科技望尘莫及。1968年,美国摄影师穆尼,在海底附近发现怪物,脸像猴子,脖子比人长4倍,眼睛像人但要大得多,腿部有快速"推进器"。1938年,人们曾在爱沙尼亚的朱明达海滩上,发现"蛤蟆人",鸡胸、扁嘴、圆脑袋,飞快跳进波罗的海里。

老普利尼是一位记述过"人鱼"生物的自然科学家,在他的不朽著作《自然历史》中写到:"至于美人鱼,也叫做尼厄丽德,这并非难以置信……她们是真实的,只不过身体粗糙、遍体有鳞。"

一些科学家正在竭力设法找到这一当今考古学最惊人的发现,一具3000年前美人鱼的木乃伊遗体的由来。一队建筑工人,在索契城外的黑海岸边附近的一个放置宝物的坟墓里,发现了这一难以相信的生物。她看起来像一个美丽的黑皮肤公主,下面有一条鱼尾巴。这一惊人的生物从头顶到带鳞的尾巴,长有173厘米。死时约有100多岁。

1962年曾发生过一起科学家活捉小人鱼的事件。英国的《太阳报》,中国哈尔滨的《新晚报》及其他许多家报刊对此事进行了报道。苏联列宁科学院维诺葛雷德博士讲述了经过:1962年,一艘载有科学家和军事专家的探测船,在古巴外海捕获了一个能讲人语的小孩,皮肤呈鳞状,有鳃,头似人,尾似鱼。小人鱼称自己来自亚特兰蒂斯市,还告诉研究人员在几百万年前,亚特兰蒂斯大陆横跨非洲和南美,后来沉入海底……现在留存下来的人居于海底,寿命达300岁。后来小人鱼被送往黑海一处秘密研究机构里,供科学家们深入研究。

1991年8月,美国两名渔民发现美人鱼的报道:最近,美国2名职业捕鲨高手在加勒比海海域捕到11条鲨鱼,其中有一条虎鲨长18.3米,当渔民解剖这条虎鲨时,在它的胃里发现了一副异常奇怪的骸骨骨架,骸骨上身1/3像成年人的骨骼,但从骨盆开始却是一条大鱼的骨骼。

当时渔民将之转交警方,警方立即通知验尸官进行检验,检验结果证实是一种半人半鱼的生物。对于这副奇特的骸骨,警方又请专家进一步研究,并将资料输入电脑,根据骨骼形状绘制出了美人鱼形状。参加这项工作的美国埃惠斯度博士说,从他们所掌握的证据来看,美人鱼并不是传说或虚构出来的生物,而是世界上确实存在的一种生物。是否存在美人鱼,还有待科学家进一步的研究。

纳米比亚鱼类为什么会集体"自杀"

在非洲南部纳米比亚的沿海地区,游人们有时会看见一种奇特的自然景观,那就是无数条海鱼,突然会纷纷跳到岸上,集体自杀。每隔几年,这种悲剧性的场面就要上演一次,上百万条海鱼争先恐后地跳上岸边,堆出高达半米、长达几千米的鱼墙。

纳米比亚海域的面积约为20万平方千米,是世界上四个最重要的幼鱼产地之一。这种鱼类集体自杀的现象主要发生在夏季,此时正是北半球的冬季,北半球的一部分鱼类迁徙到这里来产卵。自杀事件严重威胁着沙丁鱼、无须鳕鱼、鲭鱼等海鱼的繁殖。纳米比亚沿海还是海豹的重要栖息地,鱼类的大量死亡也严重干扰了海豹的生存环境。纳米比亚的沿海渔业资源丰富,盛产鲱鱼、沙丁鱼、鲭鱼、鳕鱼、龙虾、蟹等,98%的鱼产品供出口。

纳米比亚政府确定了200海里(约370千米)的专属经济区,实行渔业许可证制度,严格控制捕鱼数额,每年捕捞量约60万吨。然而,近30年来,纳米比亚的鱼群数量还是大幅度减少,这就是由于鱼类集体自杀引起的。

鲸类集体自杀的事件经常发生,但鱼类的集体自杀很少听说。纳米比亚鱼类为什么要集体自杀呢?这一现象一度困惑着鱼类学家。按理说,非洲的工业不发达,因此非洲海域的污染相对较小,这些鱼类不应该是因污染而自杀。最近,科学家揭开了这个谜底,这些鱼类生活的纳米比亚海域充满了致命的毒气——硫化氢,它们因受不了毒气的熏染而跳出水面自杀了。

纳米比亚的海水中分布着大大小小的毒气团,它是由溶解在水中的硫化氢构成的。毒气分布的海域大约有150千米长,几十千米宽。为了躲避毒气,海中的鱼类,宁愿上岸自尽,也不愿意在毒气中身亡。在远洋海域,成年鱼类往往还有机会逃之夭夭,但是它们所产的卵和那些小鱼难以幸免。有的研究人员曾经认为,硫化氢只出现在海底的沉积层中。最近有科学家发现,硫化氢也可以在水中生成。

这一海域为什么会有大量的硫化氢呢?科学家们观察到的一团毒气有几十米厚,说明它是由浮游在水中的产硫细菌组成的,这类细菌也出现在其他水域中,硫化氢就是这类产硫细菌的代谢产物。另外一种硫化细菌,是以海底沉积层中有机物腐烂时生成的硫化氢为养料的,它们在纳米比亚海域的海底,构成一片片几厘米厚的垫子。这些海底硫化细菌非常大,以至于人们用肉眼就可以辨别出来。这些硫化细菌垫子的作用如同一个硫化氢转换器的开关,为了降解产硫细菌产生的硫化氢,它们需要硝酸盐。假如硫化细菌垫子周围的海水中不再含有硝酸盐,它们就会让那些有毒性的硫化氢气体穿过。随后,这些硫化氢就会聚集在垫子的上方,构成几米厚的气层。

一旦这些大型硫化细菌的气化作用发生故障,就会有整块整块的沉积层剥裂,浮向海水表面。大约每隔50年,在纳米比亚海域,人们就可以观察到这些类似于浮冰一样的东西在海上漂游。这些漂浮的沉积层会携带着一团硫化氢毒气前进,所到之处会杀死它周围的所有海洋动物,因此它们被研究人员称作"魔鬼浮块"。

海洋生物发光的奥秘是什么

每当夜幕降临在大海时,人们常常可以看到海面上闪闪烁烁的光芒像一条条火舌。海洋发光主要是由发光细菌引起的。在这些发光细菌的生物体内有一种荧光素,和氧结合生成氧化荧光素,其化学反应所产生的能量以光的形式释放出来,因此就发出了光。海洋发光细菌多生活在热带和温带海洋中。它们大多是以寄生、共生或腐生的方式生长在鱼、虾、贝、藻等生物体上,为这些鱼、虾、贝等提供了新的光源,使它们更有利于觅食和驱敌。一个瓜水母发出的光可让人在黑暗中看清人的面孔;长腹缥水蚤的发光能力也很强,可以利用它的光在轮船甲板上读报。

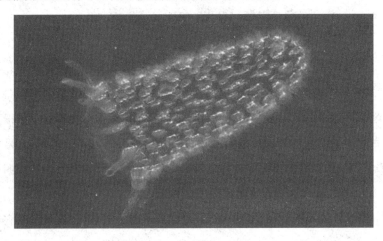

除了发光细菌外,许多真菌、甲壳类动物、昆虫以及海鸟等都会发出生物光。在非洲的沼泽上,就有一种会发光的荧鸟,其头部长着一层会闪闪发光的硬壳,其亮度相当于两瓦灯泡的亮度,当地居民把这种鸟捉来养在鸟笼里,夜行时当手电筒用。

海上水生物发出的光都是"冷光",在发光的同时,没有辐射热能的消耗,因而生物发光的效率是很高的。普通电灯泡(白炽灯)通电时,灼热的钨丝把7%～13%的电能变成了可见的光,其余电能成了不可见的光和热。而生物光几乎能将化学能百分之百地转变为可见光,为普通电光源效率的几倍到几十倍。长期以来,人们就巧妙地利用这种生物光为自己造福,比如:渔民们利用海光寻找鱼群,识别暗礁、浅滩、沙洲和冰山等。由于生物光源没有电流不会产生磁场,因而人们可以在这种光流的照明下做着消除磁性水雷等工作。随着科学技术的发展,奇妙的生物冷光将进一步为人们所认识。有朝一日大规模应用冷光,各种各样不辐射热的发光墙或冷光发光体会相继诞生,必将引起人们生活领域的一场伟大变革。

为什么海底会浓烟滚滚

1979年3月,美国海洋学家巴勒带领一批科学家对墨西哥西面北纬21°的太平洋进行了一次水下考察。当科学家们乘坐的深水潜艇"阿尔文"号渐渐接近海底时,透过潜艇的舷窗,他们看到了浓雾弥漫下的一根根高达六七米的粗大的烟囱般的石柱顶口喷发出滚滚"浓烟"。"阿尔文"号向"浓烟"靠近,并将温度探测器伸进"浓烟"中。一看测试结果,科学家们不禁吓了一跳:原来这里的温度竟高达近千摄氏度。

经过仔细观察,他们发现"浓烟"原来是一种金属热液"喷泉",当它遇到寒冷的海水时，便立刻凝结出铜、铁、锌等硫化物，并沉淀在"烟囱"的周围，堆成小丘。他们还注意到，在这些温度很高的喷口周围，竟形成了一种特殊的生存环境，这里就像是沙漠中的绿洲，生活着许多贝类、蠕虫类和其他动物群落。

巴勒等人的发现，引起了科学界的极大兴趣。美国密歇根大学的奥温认为，这种海底"喷泉"可能与地球气候的变化有着密切的联系。

奥温在研究了从东太平洋海底获取的沉积物和岩样以后，发现在2000万~5000万年前的沉积物中，铁的含量为现在的5~10倍，钙的含量则为现在的3倍。为什么沉积物中钙、铁等的含量这样高？奥温认为这可能与海底喷泉活动的增强有关。

据此，奥温又进一步认为，当海底喷泉活动增强时，所喷出的物质与海水中的硫酸氢钙发生反应，析出二氧化碳。已知现在的海底喷泉提供给大气的二氧化碳，占大气中二氧化碳自然来源的14%~22%。因此，当钙的析出量为现在的3倍时，大气中二氧化碳的含量必将大大增加，估计大约相当于现在的1倍左右。众所周知，二氧化碳含量的增加，将会产生明显的温室效应，从而使全球的气温普遍升高，以致极地也出现温暖的气候。

在海底"浓烟"中还隐藏着什么秘密呢？人们期待着科学家能有新的发现。

古老海水去哪儿了

科学家们普遍认为：海洋是古老的，而洋壳是年轻的。那么随之而来的问题就是，海洋里应该有45亿年以前的海水才对。

然而，这么古老的海水至今还没有找到。迄今为止，确定海水年龄的

最有效的方法是碳14放射性元素衰变测定法。

在世界海洋的许多区域,由于温度下降或含盐量增加,形成表面水的密度不断增加并向深处下沉。

所以,一定的水体在海面上存留的时间应该反映海水的实际年龄。结果测得的各种水体年龄并没有想象的那么古老。

北大西洋中层水为600年,北大西洋底层水为900年,北大西洋深层水为700年,测量到的南太平洋深层水的年龄范围为650～900年。

这里就产生一个疑问了:与地球年龄差不多一样古老的海水到哪里去了?

从理论上说,海水应该是古老的,起码要比洋壳老得多,然而测得的结果却令人迷惑不解。难道说古老的海水真的在海洋中消失了吗?

有关海水去哪儿的问题,至今还是个谜。

海水燃料之谜

既然石油会引发战争,而且无论烧石油还是木材、煤炭都会助长地球增温和污染环境,那烧什么好呢? 全球最多的资源是海水,占地球面积的71%,当然烧海水最好了。这并非完全是玩笑。

科学界有些人正在兴奋地议论此事。美国宾夕法尼亚州的一位研究人员使用自己设计的一台射频发生器为试管里的海水脱盐之时,意外引起试管中火光一闪。他用火柴去点时,试管里居然像蜡烛一样持续燃烧。后经检验,试管里燃烧的是氢。他的试管里没有电极,所以没有分解水产生氢的问题。

此结果经宾夕法尼亚州州立大学化学家在该校材料研究实验室里重

复实验,得到证实。研究人员初步猜测,获得氢的原因是射频电磁波削弱了海水中氯化钠和氢氧的分子键。燃烧的火焰温度高达华氏3000度。研究人员说,这是"水科学100年来最可观的发现"。有的人还说要赶快申请海水专利权。这种制氢法可以用电控制,随制随用,所以比较安全,可以省去储存氢的问题。

这种制氢法最大的未知数是它是否划算。下一步的研究将是计算这种制氢法的效率:燃氢产生的能量,跟产生射频波所投入的能量的比率是否大些。而且还要证实实验所获得的氢是否足以驱动汽车或其他装置。目前,研究者已与能源部和国防部官员商谈了研究经费问题。

如果这项发现经证明是经济的,那么由于海水取之不尽、用之不竭,就能解决能源问题。如果氢的造价能比石油更便宜,就能减轻生产的成本,解决能源危机。此外,如果海水可以取代石油、煤炭或天然气,成为主要能源,那么,既能促进世界和平、维护地区稳定,又由于海水燃烧之后产生的水是一种清洁的能源,还能保护环境,减慢全球变暖的速度。

当然,这种方法也有待科学家的进一步研究。人们拭目以待。

海洋次声波之谜

迄今为止,人们在茫茫大海上已发现了数十艘无人船,孤独、奇异而神秘,好像诉说着一桩桩故事,却又无从说起。

1855年2月28日,英国三桅帆船马拉顿号在北大西洋遇到一艘美国无人船瑞姆斯·切斯捷尔号。该船风帆垂落,空无一人,而船只完好,货物依然如故,食物淡水充足,也无任何搏斗和暴力的迹象,只是不见一人,也找不到航海日记和罗盘。

1880年,人们在美国罗德艾兰州纽波特市伊斯顿斯·比奇镇附近的海面上也发现一艘名叫西拜尔德的无人船,船长室的早餐尚在,而全体船员却不知去向了。

更为神秘的要算1881年底,美国快速机帆炮舰爱伦·奥斯汀号所经历的一件事了。这年12月12日,快速机帆炮舰巡游时,在北大西洋中发现一艘无人帆船。该船内除无人外,一切正常,水果、瓶装酒、淡水、食物完好无缺。舰长格里福芬命几个水兵留在帆船上,由他的军舰拖着这条船航行。离海岸还有3天路程时,海上狂风大作,拖船用的缆绳断裂,黑夜茫茫,两船失去了联系,呼叫无音。第二天,当爱伦·奥斯汀号发现该帆船时,舰长派出的水兵都不见了!此时离纽约只有300千米,眼看就要到家了。格里福芬舰长又用重金买动了几个人到那艘帆船上去。这一天能见度很好,微风习习。黎明前,爱伦·奥斯汀号舵手发现船偏离了航线,当他回头再看拖着的帆船时,不禁大吃一惊:帆船不见了!就这样,这艘帆船的失踪成了航海史上又一个谜。

对于无人船案件,科学家给人们提供了一个可能的谜底:海洋次声波。确切的说,此类离奇事件的出现,有可能都是受到海洋次声波的作用而造成的。

海洋次声波一般在风暴和强风下出现,其频率低于20Hz。以波浪表面波峰部波流断裂的程度决定次声波的能量。如果是大风暴,次声波的功率可达数十千瓦。而次声波的能量属于弱衰减型能量,因而可以传得很远。当海船遇到这种强能量的次声波时,次声波对生物体会造成辐射现象。某些频率的次声波,可引起人和动物的疲劳、痛苦,甚至导致失明。同时,过强的次声波常使人和动物产生惊恐情绪,导致船上的人员跳海自杀而失踪。

鉴于上述情况,有的国家已经建立了预报次声波的机构。当它接受到危及生命的次声波时,立刻就会向有关方面发出警报,以减少海洋次声波给航海人员带来的危害。

奇妙的海底温泉之谜

陆地温泉到处都有,人们已经司空见惯,可海底温泉就很少有人了解了。近年来,由于深潜器的发展,海底温泉才逐渐被人们发现。海底温泉与陆地温泉比较,数量要少很多。到现在为止,已发现有温泉的海域还不到60处。根据典型调查计算,这些海底温泉每年喷入海洋的热水约150立方千米,如与世界所有河流倾入海洋的总水量相比,约占1/300。海底温泉的水量并不多,可每年带入海洋的矿物质却并不少,例如,仅钙、钡、镉、锰等金属流入海洋中的数量每年就达几万吨至几十万吨。另外,还带有大量气体,如二氧化碳、氦气、氢气、甲烷气等。海底温泉多数分布在洋中脊,但也常常在有水下火山的海域发现。

发现海底温泉绝非易事,要想进行海底温泉研究更是难上加难,一些专家勇敢地闯入深海禁区才作出了惊人的贡献。进行深海考察必须拥有先进的仪器设备,掌握现代化的科学知识才能有所作为。苏联科学院火山学研究所的科研人员乘坐"火山学家"号科学考察船在鄂霍次克海内进行了数年考察,考察重点海域在千岛群岛一带。他们对海水成分进行了深入的化验分析研究。特别是研究了海底火山区,看看海底温泉对海水成分究竟会造成什么影响。

"火山学家"号科学考察船在靠近海湾时,发现了6处海底温泉,水温相差悬殊,最低的一处只有17℃,最高的一处水温达95℃,其余几处水温在45℃左右。由于存在着海底温泉,使东海岸大片海域的水温升高1℃。对海水进行化验分析显示,海水成分中的矿物质含量增多,海水中钙盐、钠盐和钾盐的浓度均明显高于平均值,而且海水中还含有大量溶解的各种气体。距海底温泉较远处的海水变化甚少,说明影响极小,海水温度也没有差别。

海底温泉喷出来的水柱是一种奇观,它并不像大家想象的那样是和周围的海水混合在一起的,而是形成直达海面的巨型水柱。例如,"火山学家"号科学考察船在鄂霍次克海距巴拉穆什尔岛西面20千米处发现了一处海底大温泉,从500米深的海底升起来一个巨大水柱,用回声探测器就可测到这个大的"障碍物"。大水柱内的密度和周围海水明显不同,可是温度差别不大,只相差约半度左右,说明高温水柱在上升过程中温度散失很快,但水柱内的化学成分却可保持相对稳定,直至海面。拍摄的气体液热照片显示,在海水表层也能清楚地区分两种不同海水的分界线。预计海底温泉之谜将会被人们揭开。

海洋之最篇

现代海洋中最大的动物是谁

蓝鲸是尚在地球上生活着的最大动物。来自恐龙时代所知的最大的生物是中生代的地震龙,地震龙估计有50米长,60吨重。最大的蓝鲸有多重还不确定。大部分的数据取自20世纪上半叶南极海域捕杀的蓝鲸,数据由并不精通标准动物测量方法的捕鲸人测得。有记载的最长的鲸为两头雌性,分别为33.6米和33.3米,但是这些测量的可靠性存在争议。美国国家海洋哺乳动物实验室的科学家测量到的最长的鲸长度为29.9米,大概和波音737或三辆双层公共汽车一样长。

蓝鲸的头非常大,舌头上能站50个人。它的心脏和小汽车一样大,婴儿可以爬过它的动脉,刚生下的蓝鲸幼崽比一头成年象还要重。在其生命的头7个月,幼鲸每天要喝400升母乳。幼鲸的生长速度很快,体重每24小时增加90千克。

由于蓝鲸巨大的体积,我们不能直接称它的体重。大部分被捕杀的蓝鲸都不是整头上秤的,捕鲸人在称重之前将其切成合适的大小。因为血液和其他体液丧失,这种方式低估了蓝鲸的体重。即使这样,有记载27米长的鲸也重达150～170吨。

蓝鲸不容易捕杀和保存。蓝鲸的速度和力量意味着它们通常不是早期捕鲸人的目标,他们选择捕杀抹香鲸和露脊鲸。当这两种鲸数量减少后,捕鲸人选择捕杀须鲸的数量增加,包括蓝鲸。1864年,挪威人斯文德·福因用专门设计捕捉大型鲸鱼的鱼叉装配了他的轮船。虽然最初很麻烦,但这种方法很快流行起来。19世纪末,北大西洋的蓝鲸数量开始减少。

蓝鲸的捕杀量在世界范围内快速增长,到1925年,美国、英国和日本跟随挪威,加入了捕杀蓝鲸的行列,他们用"捕鲸船"捕杀后将蓝鲸升到巨大的"工厂船"进行处理。1930年,41艘船共宰杀了28325头蓝鲸。二战末期,蓝鲸种群已接近灭亡,1946年首次引入了国际鲸鱼交易配额限制。这些配额是无效的,因为约定并没有考虑到不同物种的区别。数量稀有的物种可以和数量较多的品种进行相等程度的捕杀。由于人类的捕杀和海洋环境的污染,1960年,国际捕鲸委员会开始禁止捕杀蓝鲸,此时已有350000头蓝鲸被杀,全世界的种群数量已经减少到不到100年前的1%。目前,世界只生存着不到50头的蓝鲸!

谁是海洋中最凶猛的动物

鲨鱼,被一些人认为是海洋中最凶猛的动物。鲸鲨以小型海洋生物为食物,和须鲸差不多。由于食物具有某种相似性,经过漫长的生物演化,它们长得和须鲸很有相似点,这个叫做"趋同进化"。于是"鲸鲨"的名字就理所当然了。当然,鲸鲨是现存鲨鱼中最大的,也是已知鱼类中最大的。

鲨鱼的体型不一,身长小至6寸,大至18米,鲸鲨是海中最大的鲨鱼,长成后身长可达60尺。虽然鲸鲨的体型庞大,它的牙齿在鲨鱼中却是最小的。最小的鲨鱼是侏儒角鲨,小到可以放在手上。它长约6到8寸,重量还不到0.5千克。

根据澳大利亚的鲨鱼专家到海里和鲨鱼长期生活得出的结论,鲨鱼是可以一动不动的在海底的,并不会因此窒息。鲨鱼和硬骨鱼类的不同之处是,它们没有鳔来控制浮潜。如果停止游泳,大部分的鲨鱼会往下沉。为了增大在水中的浮力,鲨鱼的肝内具有大量的油。

鲨鱼在海水中对气味特别敏感,尤其对血腥味。伤病的鱼类不规则的游弋所发出的低频率振动或者少量出血,都可以把它从远处招来,甚至能超过陆地狗的嗅觉。它可以嗅出水中百万分之一浓度的血肉腥味来。日本科学家研究发现,在1万吨的海水中即使仅溶解1克氨基酸,鲨鱼也能觉察出气味而聚集在一起。如雌鲨鱼临分娩过后,即使在大海里漫游千里之后,又能沿着气味逆游回到它的出生地生活。1米长的鲨鱼,其鼻腔中密布嗅觉神经末梢的面积可达4842平方厘米,如5~7米长的噬人鲨,其灵敏的嗅觉可嗅数千米外的受伤人和海洋动物的血腥味。

以前,大家都普遍认为鲨鱼从不睡觉。据佛罗里达州自然历史博物馆的记载,白鳍鲨、虎鲨和大白鲨其实是睡觉的,它们是白天睡觉,晚上出来活动。其他种类如护士鲨,通过气孔,迫使水通过鳃,提供稳定的富氧水,让它们在静止不动时可以呼吸。支配游水的器官——中央测试信号发生器位于脊髓,它让鲨鱼可以无意识地游泳。但因为鱼没有眼睑,所以无法判断鲨鱼是否在睡觉。

鲨鱼以受伤的海洋哺乳类、鱼类和腐肉为生,剔除动物中较弱的成员。鲨鱼也会吃船上抛下的垃圾和其他废弃物。此外,有些鲨鱼也会猎食各种海洋哺乳类、鱼类、海龟和螃蟹等动物。有些鲨鱼能几个月不进食,大白鲨就是其中一种。据报道,大白鲨要隔一两个月才进食一次。

鲨鱼已经在海洋中生活了4亿年,比恐龙的出现还要早1亿年,它们出没于海洋的各个角落并在海洋生态平衡中扮演重要的角色,具有很高的生态价值、科研价值和经济价值。保护鲨鱼,对于保护海洋生态环境、维护生物多样性和促进资源的可持续利用具有重要意义。但是,受人类活动的影

响,鲨鱼在世界各主要分布区面临生存威胁,需要世界各国通力保护。

海洋最大洋和最小洋在哪里

世界第一大洋是太平洋。太平洋是位于亚洲、大洋洲、南美洲、北美洲和南极洲之间的海洋。北面通过白令海峡与北冰洋相通,西南与印度洋相通,东南与大西洋相通。在四大洋中,它的面积最大,水体最深。面积占整个海洋面积的一半,达1.8亿多平方千米;容量达7.2亿多立方千米,平均深度超过4000米。太平洋也是岛屿最多的大洋,岛屿面积达440多万平方千米。太平洋又是水温最高的大洋,年平均表面水温为19℃,北纬7°附近的水温最高,超过28℃。整个太平洋有一半以上的区域年平均水温高于20℃,有四分之一区域超过25℃。

太平洋还是海沟、火山和地震最多的大洋。总共有28条大海沟,它们呈环形状分布在太平洋四周浅海与深水洋盆交界的区域。在众多的海沟中,活火山多达360多座,占全世界活火山总数的85%;地震频繁,占全世界地震总数的80%。太平洋有自己完整的洋流系统,这些洋流受地球上风带的影响,沿一定的方向缓缓流动,对流经地区的气候有明显影响。太平洋著名的寒流有千岛寒流、加利福尼亚寒流、秘鲁寒流及东中国寒流;著名的暖流为黑潮。

北冰洋是世界上最小的洋。它大致位于北极圈内,为亚洲、欧洲和北美洲所环抱。北冰洋通过挪威海、格陵兰海和加拿大北极群岛之间的海峡与大西洋相连,并以狭窄的白令海峡沟通太平洋。北冰洋的面积只有1478.8万平方千米,只占世界海洋总面积的4.1%;它的平均深度1097米,最大深度5499米。北冰洋面积最小,却有着广阔的大陆架,其周围的大陆架竟占整个洋面面积的一半。

北冰洋是个非常寒冷的海洋,洋面上有常年不化的冰层,占北冰洋总面积的2/3,厚度多在2～4米。在这些冰层上不仅可以行驶汽车,而且还能降落重型飞机。北冰洋的严冬长达半年之久,最冷季节的平均气温在-40℃左右。而且越接近极地,气候越寒冷,冰也越厚。在极顶附近,冰层厚达30多米。

北冰洋的水温很低,大部分时间都在0℃以下。只有夏季在靠近大陆的水域,水温才升到0℃以上,形成沿岸的融冰带。因受北大西洋暖流的影响,在北冰洋内形成了几个全年不冻的内海。

北冰洋的岛屿很多,仅次于太平洋,总面积达400万平方千米,主要岛屿有格陵兰岛、斯匹次卑尔根群岛、维多利亚岛等。由于严寒,北冰洋区域里的生物种类很少。植物以地衣、苔藓为主,动物有白熊、海象、海豹、鹿、鲸等,但数量已日趋减少。

北冰洋的战略地位很重要。越过北冰洋的航空线,大大缩短了亚洲、欧洲和北美洲之间的距离。如从纽约到莫斯科,飞经北冰洋要比横跨大西洋缩短约1000千米的航程。北冰洋的航海线也大大缩短了东西方之间的海路,然而由于冬季气候恶劣,冰层、冰山多而厚,因此航海只限于暖季,而且还需要破冰船导航。

最大的岛屿是格陵兰岛吗

格陵兰岛无冰地区的面积为341700平方千米,但其中北海岸和东海岸的大部分地区,几乎是人迹罕至的严寒荒原。有人居住的区域约为150000平方千米,主要分布在西海岸南部地区。该岛南北纵深辽阔,地区间气候存在重大差异,位于北极圈内的格陵兰岛出现极地特有的极昼和极夜现象。越接近高纬度,一年中的极昼和极夜就越长。每到冬季,便有持续数

个月的极夜,格陵兰上空偶尔会出现色彩绚丽的北极光,它时而如五彩缤纷的焰火喷射天空,时而如手执彩绸的仙女翩翩起舞,给格陵兰的夜空带来一派生机。而在夏季,则终日头顶艳阳,使格陵兰成为日不落岛。

格陵兰岛是一个由高耸的山脉、庞大的蓝绿色冰山、壮丽的峡湾和贫瘠裸露的岩石组成的地区。研究表明,这个岛屿拥有一些世界上最古老的岩石,这些岩石估计至少有37亿年的历史。从空中看,它像一片辽阔空旷的荒野,那里参差不齐的黑色山峰偶尔穿透白色眩目并无限延伸的冰原。但从地面看去,格陵兰岛是一个差异很大的岛屿:夏天,海岸附近的草甸盛开紫色的虎耳草和黄色的罂粟花,还有灌木状的山地木岑和桦树。但是,格陵兰岛中部仍然被封闭在巨大冰盖上,在几百千米内既不能找到一块草地,也找不到一朵小花。

格陵兰岛的面积相当于10倍的不列颠岛,约为美国面积的1/4。该岛给人印象最深的特征是它那巨大的冰盖,有些地方冰的厚度达10000米,冰盖占整个岛屿面积的82%。冰盖产生了巨大的冰川:雅各布港冰川每天将几百万吨的冰排入海中,移动速度约每小时1米。这就形成了众多的冰山,1912年泰坦尼克号巨轮冰海沉船就因为撞上了一座冰山。1888年前,无人成功穿越冰原,是年,伟大的挪威探险家费里特乔夫·内森利用雪橇作冰上旅行,穿越了格陵兰岛冰原。

格陵兰岛大部分位于北极圈以北,因此在漫长的冬季看不见太阳。但到夏季,格陵兰迎来了大量来此繁殖的鸟类,许多植物也生长旺盛,大家都竞相充分地利用24小时的日照。

尽管许多鸟类来格陵兰岛只是为了繁殖,然后当冬季来临时又飞向南方,但也有些鸟全年都驻足于此,其中包括雷鸟和小雪巫鸟。格陵兰岛也是世界最大的食肉动物——北极熊的家园,还有狼、北极狐、北极兔、驯鹿和旅鼠等。格陵兰岛北部有大批麝牛,其极厚的外皮保护它们免受冰冷的北极风冻害。在沿岸水域常见鲸和海豹。

最大的岛群位于哪里

世界上最大的岛群由印度尼西亚13000多个岛屿和菲律宾约7000个岛屿组成,称为马来群岛。其中主要的岛屿有印度尼西亚的大巽他群岛、小巽他群岛、摩鹿加、伊里安,菲律宾的吕宋、棉兰老、米鄢群岛。该群岛还包括东马来西亚、文莱、巴布亚新几内亚等。群岛位于太平洋和印度洋之间,沿赤道延伸6100千米,南北最大宽度3500千米,总面积约243万平方千米。西与亚洲大陆隔有马六甲海峡和南海,北与台湾之间有巴士海峡,南与澳大利亚之间有托雷斯海峡。除菲律宾北部以外,各岛都在赤道10°以内,平均气温21℃,年降雨量从8100毫米至500毫米不等,大部分地区超过2000毫米。每年7～11月,西南太平洋生成台风20余次,常袭击菲律宾。马来群岛的动植物群非常丰富且种类各异。农村和农业经济占压倒优势,农村居民绝大多数为定居耕种者,主要农作物是水稻,商品作物有橡胶、烟叶、糖等。森林资源重要,提供贵重木材、树脂、藤条等。石油为主要矿产,锡产量占世界产量的10%。水力资源丰富,但未充分开发,制造业不发达,轻工业主要是纺织、造纸、玻璃、肥皂、卷烟等。

海洋中最大的珊瑚礁在哪儿

大堡礁是世界上最大、最长的珊瑚礁区,是世界七大自然景观之一,也是澳大利亚人最引以为自豪的天然景观。又称为"透明清澈的海中野生王

国"。

大堡礁位于澳大利亚东北部昆士兰州,是一处延绵2000千米的地段,它纵贯蜿蜒于澳大利亚东海岸,全长2011千米,最宽处161千米。南端最远离海岸241千米,北端离海岸仅16千米。在落潮时,部分珊瑚礁露出水面形成珊瑚岛。这里景色迷人、险峻莫测,水流异常复杂,生存着400余种不同类型的珊瑚礁,其中有世界上最大的珊瑚礁,鱼类1500种,软体动物达4000余种,聚集的鸟类242种,有着得天独厚的科学研究条件,这里还是某些濒临灭绝的动物物种(如人鱼和巨型绿龟)的栖息地。

令人不可思议的是,营造如此庞大"工程"的"建筑师",是直径只有几毫米的腔肠动物珊瑚虫。珊瑚虫体态玲珑,色泽美丽,只能生活在全年水温保持在22～28℃的水域,且水质必须洁净、透明度高。澳大利亚东北岸外大陆架海域正具备珊瑚虫繁衍生殖的理想条件。珊瑚虫以浮游生物为食,群体生活,能分泌出石灰质骨骼。老一代珊瑚虫死后留下遗骸,新一代继续发育繁衍,像树木抽枝发芽一样,向高处和两旁发展。如此年复一年,日积月累,珊瑚虫分泌的石灰质骨骼,连同藻类、贝壳等海洋生物残骸胶结一起,堆积成一个个珊瑚礁体。珊瑚礁的建造过程十分缓慢,在最好的条件下,礁体每年不过增厚3～4厘米。有的礁岩厚度已达数百米,说明这些"建筑师"们在此已经历了漫长的岁月。同时也说明,澳大利亚东北海岸地区在地质史上曾经历过沉陷过程,使追求阳光和食物的珊瑚不断向上增长。

在大堡礁,有350多种珊瑚,无论形状、大小、颜色都极不相同,有些非常微小,有的可宽达2米。珊瑚千姿百态,有扇形、半球形、鞭形、鹿角形、树木和花朵状的。珊瑚栖息的水域颜色从白、青到蓝靛,绚丽多彩。珊瑚也有淡粉红、深玫瑰红、鲜黄、蓝绿色,异常鲜艳。

海洋中最大和最高的冰山在哪里

南极和北极的冰山有时非常巨大，远远超出人们的想象。从南极洲冰川末端和冰架滑落的数量最多，规模最大，多呈桌状延展。1956年11月12日，美国破冰船"冰川"号，在南太平洋斯科特岛以西240千米附近，发现一座冰山，长335千米，宽97千米，面积达31000平方千米，相当比利时一个国家的面积，是世界大洋上发现的最大冰山。1958年冬天，美国破冰船"东方"号，在格陵兰以西的大西洋洋面，发现一个面积360平方千米的冰山，高出海面167米，是至今发现的最高的冰山。

海洋中最深和最长的峡谷分别在哪里

马里亚纳海沟是世界最深的海沟，它位于菲律宾东北、马里亚纳群岛附近的太平洋底，这条海沟的形成据估计已有6000万年，是太平洋西部洋底一系列海沟的一部分。它位于北纬11°20′，东经142°11.5′，亚洲大陆和澳大利亚之间，北起硫黄列岛，西南至雅浦岛附近。其北有阿留申、千岛、日本、小笠原等海沟，南有新不列颠和新赫布里底等海沟。全长2550千米，为弧形，平均宽70千米，大部分水深在8000米以上。最大水深在斐查兹海渊，为11034米，是地球的最深点。如果把世界最高的珠穆朗玛峰放在沟底，峰顶将不能露出水面。探测深海的奥秘是极其困难的，早已有不少的登山家成功地征服了珠穆朗玛峰，但人类至今无法乘坐潜艇下到海沟深处，海沟底部高达1100个大气压的巨大水压对于人类是一个巨大的挑战。深海是一个高压、漆黑和冰冷的世界，通常的温度是2℃（在极少数的海域，受地热的影响，洋底水温可高达380℃）。但在深海中仍然生活着一些特殊的海洋生物。有的理论认为深海海沟的形成主要原因是因为地壳的剧烈凹陷。

海洋中最长的峡谷位于北美洲北部拉布拉多半岛的大陆坡和格陵兰岛大陆坡东南侧衔接处,这里发育出一条南北延伸的海底峡谷,取名为北大西洋洋中峡谷。北起戴斯海峡,东南绕过纽芬兰外侧的大陆坡,折而偏西南,直抵北纬40°左右,没入索姆深海平原。全长约6000千米,是世界最长的海底峡谷。大西洋另外尚有几条著名海底峡谷,如圣劳伦斯海底峡谷、刚果河海底峡谷、亚马孙河海底峡谷等,但长度远不及北大西洋洋中峡谷。

哪里是海洋中最咸和最淡的地方

世界上最咸的海在哪儿呢?在亚洲西部阿拉伯半岛西侧与非洲大陆之间,有一片狭长的海域叫红海,它是世界上最咸的海。

红海平均含盐量是1000克海水中含盐量为40多克,它的北部达到45.8克,是世界上含盐量最高的海域。由于海水含盐量太高了,漂浮能力很强,人躺在水面上是不容易沉底的。

红海长度是2000多千米,比北京到广州的距离还长。最大宽度是300千米,最大水深3000米。南部进水口是同印度洋相连的曼德海峡,北端经苏伊士运河、地中海同大西洋连通,是世界上重要的国际航道。

波罗的海是欧洲北部的内海,介于瑞典、丹麦、德国、波兰、芬兰之间。它是大西洋的属海,面积约38.6万平方千米;它是个浅海,深70~100米,最深459米;西与厄勒海峡、大贝尔特海峡、小贝尔特海峡、里加海峡等海峡以及北海相通;有波的尼亚、芬兰等海湾;有维斯瓦等大小250条河流注入。波罗的海也是世界上最淡的海,平均盐度7‰~8‰,北端仅2‰。北部和东部冬季封冻期达3~4个月,南部通常不结冻。它航运意义很大,重要海港有列宁格勒、加里宁格勒、赫尔辛基、斯德哥尔摩、哥本哈根、罗斯托克、格但斯克等。

最大和最小的海分别位于哪里

珊瑚海是太平洋的一个边缘海,以生长美丽的珊瑚而闻名。它位于太平洋西南部,西部紧靠澳大利亚大陆东北沿岸一带,北缘和东缘为伊瑞安岛、新不列颠岛、所罗门群岛和新赫布里底群岛等岛屿所包围,南部大致以南纬30°与太平洋另一边缘海塔斯曼海相邻接。海域总面积广达479.1万平方千米,是世界上最大的边缘海,比世界第二大海阿拉伯海还要大1/4。珊瑚海介于伊瑞安岛和所罗门群岛之间的一部分海域,有时又称所罗门海。

珊瑚海不仅以大著称,还以海中发达的珊瑚礁构造体而闻名遐迩。这里的海水既平静又洁净,水温变化不大,是一个典型的热带海,最热月2月表层平均水温可达28℃,8月也有23℃,全年水温都在20℃以上。海中富含浮游生物和海藻,极宜于珊瑚虫的生长繁殖。礁体的"建筑师"珊瑚虫,是一种水螅型动物,呈圆筒状单体或树枝状群体,靠捕捉浮游生物和海藻为生。珊瑚外层能分泌石灰质骨骼,大量的珊瑚虫死后的遗骸聚集在一起,便成为礁体。

珊瑚海的海底大致由西向东倾斜,海底的若干海盆、浅滩和海底山脉纵横交错,有不少地方深达3000~4500米。所罗门群岛和新赫布里底群岛内侧有一条狭长深邃的海沟,是全海域最深的地方,最大深度达到9140米。珊瑚海的平均水深为2394米,在各海中不算显著,但因其面积极为广袤,海水总体积高达1147万立方千米,比阿拉伯海多9%,水量约为我国东海的43

倍。

马尔马拉海东西长270千米,南北宽约70千米,面积为11000平方千米,只相当于我国的4.5个太湖那么大,是世界上最小的海。

马尔马拉海位于亚洲小亚细亚半岛和欧洲的巴尔干半岛之间,是欧亚大陆之间断层下陷而形成的内海。海岸陡峭,平均深度183米,最深处达1355米。原先的一些山峰露出水面变成了岛屿。岛上盛产大理石,希腊语"马尔马拉"就是大理石的意思。海中最大的马尔马拉岛,也是用大理石来命名的。

马尔马拉海东北端经博斯普鲁斯海峡通黑海,西南经达达尼尔海峡通地中海和大西洋,是欧、亚两洲的天然分界线,地理位置十分重要。

哪里是岛屿和沿岸国家最多的海

爱琴海是世界上岛屿最多的海,位于希腊半岛和小亚细亚半岛之间。南通地中海,东北经过达达尼尔海峡、马尔马拉海、博斯普鲁斯海峡通黑海,南至克里特岛。爱琴海海岸线非常曲折,港湾众多,共有大小约2500个岛屿。爱琴海的岛屿可以划分为7个群岛:色雷斯海群岛,东爱琴群岛,北部的斯波拉提群岛,基克拉泽斯群岛,萨罗尼克群岛(又称阿尔戈—萨罗尼克群岛),多德卡尼斯群岛和克里特岛。爱琴海的很多岛屿或岛链实际上是陆地上山脉的延伸。一条岛链延伸到了希奥岛,另一条经埃维厄岛延伸至萨摩斯岛,还有一条从伯罗奔尼撒半岛经克里特岛至罗德岛,正是这条岛链将爱琴海和地中海分开。许多岛屿具有良港,不过在古代,航行于爱琴海并不是很安全。许多岛屿是火山岛,有大理石和铁矿。克里特岛是海中最大的一个岛屿,面积8000多平方千米,东西狭长,是爱琴海南部的屏障。克里特岛上有大面积的肥沃耕地,但是其他岛屿就比较贫瘠了。爱琴海岛屿的大部分属于西岸的希腊,一小部分属于东岸的土耳其。

加勒比海也是沿岸国最多的大海。在全世界50多个海中,沿岸国达两位数的只有地中海和加勒比海2个。地中海有17个沿岸国,而加勒比海却有20个,包括中美洲的危地马拉、洪都拉斯、尼加拉瓜、哥斯达黎加、巴拿马,南美有哥伦比亚和委内瑞拉,大安的列斯群岛的古巴、海地、多米尼加共和国以及小安的列斯群岛上的安提瓜和巴布达、多米尼加联邦、特立尼达和多巴哥等。

加勒比地区植被一般为热带植物。环绕舄湖和海湾有浓密的红树林,沿海地带有椰树林,各岛普遍生长仙人掌和雨林。珍禽异兽种类繁多。旅游业是加勒比经济中的重要部门,明媚的阳光及旅游区,已使该地区成为世界主要的冬季度假胜地。

最大的海湾在哪里

孟加拉湾是属于印度洋的一个海湾,西嵌斯里兰卡,北临印度,东以缅甸和安达曼—尼科巴海脊为界,南面以斯里兰卡南端之栋德拉高角与苏门答腊西北端之乌累卢埃角的连线为界。南部边界线长约为1609千米。安达曼—尼科巴海脊露出海面的部分,北有安达曼群岛,南为尼科巴群岛,把孟加拉湾与东部的安达曼海分开。湾顶有恒河和布拉马普特拉河巨型三角洲。流入该湾的其他河流有印度的默哈纳迪河、哥达瓦里河和克里希纳河,它是太平洋和印度洋之间的重要通道。水温25~27℃,盐度30‰~34‰,沿岸有多种喜温生物,如恒河口的红树林、斯里兰卡沿海浅滩的珍珠贝等。孟加拉湾(取名于印度蒙古邦)总面积为217.2万平方千米,总容积为561.6万立方千米,均匀水深为2586米,最大深度5258米,是最大的海湾。沿岸重要港口有印度的马德拉斯、加尔各答和孟加拉国的吉大港等。

孟加拉湾的陆架，宽为161千米，以北部和东部的恒河三角洲、安达曼群岛和尼科巴群岛四周较宽，向海一侧陆架的均匀深度为183米。陆架大部分由砂组成，向海一侧多为黏土和软泥，有好几处被一些海底峡谷切割。其中有恒河峡谷，位于恒河—布拉马普特拉河三角洲的地方，深达732米；安得拉、克里希纳和马哈德范等峡谷分布于该湾的西边沿。

孟加拉湾的深海大致呈"U"字形，深度达4500米。盆底有两个特征：北部很直，有长达5000千米的东经90°海脊以及由陆架沉积物冲积而成的恒河三角洲。东经90°海脊的顶峰，水深约为2134米，其北端覆盖着恒河三角洲的沉积物。三角洲分布着树枝状的沟渠（扇谷）。借此，沉积物可以运移到较远的深海盆。

海洋噬大陆，或是大陆吞食海洋，结果会在大陆边沿形成很多海湾。世界范围内，总面积在100万平方千米以上的海湾有4个，而超过200万平方千米的只有印度洋东北部的孟加拉湾。

最大的暖流和寒流出现在哪里

墨西哥湾暖流——世界大洋中最强大的暖流，也是最大的暖流。

它起源于墨西哥湾，经过佛罗里达海峡，沿着美国的东部海域与加拿大纽芬兰省向北，最后跨越北大西洋通往北极海。在大约北纬40°西经30°左右的地方，墨西哥湾流分支成两股分支，北分支跨入欧洲的海域，成为北大西洋暖流，南分支经由西非重新回到赤道。这股来自热带的暖流将北美洲以及西欧等原本冰冷的地区变成温暖适合居住的地区，对北美东岸和西欧气候也产生重大影响。

墨西哥湾暖流规模十分巨大，它宽100多千米，深700米，总流量每秒7400万立方米到9300万立方米，流动速度最快时每小时9.5千米，200米深处流动速度约每小时4000米。总流量大约相当于所有河流径流量的40倍。湾流水温很高,特别是冬季,比周围的海水高出8℃。刚出海湾时,水温高达27~28℃,它散发的热量相当于北大西洋所获得的太阳光热的1/5。

西风漂流是地球上最大的,也就是势力最强的寒流。位于南北纬40°~60°西风带的海域内,是因受强大的西风推动,海水自西向东连续不断地流动而形成的洋流。在南半球,因没有大陆的阻挡,西风漂流横穿太平洋、大西洋和印度洋的南部,形成环流性质,称为西风环流。在北半球为北大西洋暖流和北太平洋暖流。

在盛行西风吹送下所形成的洋流,自西向东流动,在北半球为北大西洋暖流和北太平洋暖流。在南半球,各大洋西洋漂流连在一起,形成横亘太平洋、大西洋、印度洋环绕全球的洋流。

海洋开发篇

海水淡化是怎么进行的

　　海水淡化即利用海水脱盐生产淡水，是实现水资源利用的开源增量技术，可以增加淡水总量，且不受时空和气候影响，水质好、价格渐趋合理，可以保障沿海居民饮用水和工业锅炉补水等稳定供应。

　　地球表面2/3的面积被水覆盖，但水储量的97％为海水和苦咸水，这些水是很丰富的。但是，要利用海水必须经过淡化。目前，全世界有120多个国家和地区采用海水或苦咸水淡化技术取得淡水。据统计，海水淡化系统与生产量以每年10％以上的速度在增加。亚洲国家如日本、新加坡、韩国、印度尼西亚与中国等也都积极发展或应用海水淡化作为替代水源，以增加自主水源的数量。海水淡化的技术主要有蒸馏、冻结、反渗透、离子迁移、化学法等办法。海水淡化虽然耗电耗能，成本很高，但是意义重大。有人估计，海水淡化可能是21世纪诞生出的一种新型的生产淡水的未来水产业。就目前经济技术水平而言，海水淡化的成本还是比较高的。

　　第一个海水淡化工厂于1954年建于美国，现在仍在得克萨斯的弗里波特运转着。佛罗里达州的基韦斯特市的海水淡化工厂是世界上最大的一个，它供应着城市用水。

从表面看,海水淡化很简单,只要将咸水中的盐与淡水分开即可。最简单的方法,一个是蒸馏法,将水蒸发而盐留下,再将水蒸气冷凝为液态淡水。这个过程与海水逐渐变咸的过程是类似的,只不过人类要攫取的是淡水。另一个海水淡化的方法是冷冻法,冷冻海水,使之结冰,在液态淡水变成固态的冰的同时,盐被分离了出去。两种方法都有难以克服的弊病。蒸馏法会消耗大量的能源,并在仪器里产生大量的锅垢,相反得到的淡水却并不多。这是一种很不划算的方式。冷冻法同样要消耗许多能源,得到的淡水却味道不佳,难以使用。

1953年,一种新的海水淡化方式问世了,这就是反渗透法。这种方法利用半透膜来达到将淡水与盐分离的目的。在通常情况下,半透膜允许溶液中的溶剂通过,而不允许溶质透过。由于海水含盐高,如果用半透膜将海水与淡水隔开,淡水会通过半透膜扩散到海水的一侧,从而使海水一侧的液面升高,直到一定的高度产生压力,使淡水不再扩散过来。这个过程是渗透。如果反其道而行之,要得到淡水,只要对半透膜中的海水施以压力,就会使海水中的淡水渗透到半透膜外,而盐却被膜阻挡在海水中。这就是反渗透法。反渗透法最大的优点就是节能,生产同等质量的淡水,它的能源消耗仅为蒸馏法的1/40。因此,从1974年以来,世界上的发达国家不约而同地将海水淡化的研究方向转向了反渗透法。

在新兴的反渗透法研究方兴未艾的时候,古老的蒸馏法也改弦易辙,重新焕发了青春。常识告诉我们,水在常温常压下要加热到100℃才沸腾,产生大量的水蒸气。传统的蒸馏法只考虑了通过升高温度获得水蒸气的方式,耗能甚巨。而新的方法是将气压降下来,把经过适当加温的海水,送入人造的真空蒸馏室中,海水中的淡水会在瞬间急速蒸发,全部变成水蒸气。许多这样的真空蒸馏室连接起来,就组成了大型的海水淡化工厂。如果海水淡化工厂与热电厂建在一起,利用热电厂的余热给海水加温,成本

就更低了。

现在世界上的大型海水淡化工厂,大多采用新的蒸馏法。在西亚盛产石油的国度,往往土地"富得流油",却打不出一口淡水井。水比油贵的现实,使海水淡化工厂如雨后春笋般出现在西亚的海岸线上。目前,全球海水淡化日产量约3500万立方米,其中80%用于饮用水,解决了1亿多人的供水问题,即世界上1/50的人口靠海水淡化提供饮用水。全球有海水淡化厂1.3万多座,海水淡化作为淡水资源的替代与增量技术,愈来愈受到世界上许多沿海国家的重视。全球直接利用海水作为工业冷却水总量每年约6000亿立方米,替代了大量宝贵的淡水资源。海水淡化需要大量能量,所以在不富裕的国家经济效益并不高。沙特阿拉伯的海水淡化厂占全球海水淡化能力的24%。阿拉伯联合酋长国的杰贝勒阿里海水淡化厂第二期是全球最大的海水淡化厂,每年可产生3亿立方米淡水。

海底石油为什么那么丰富

在辽阔的海底蕴藏着丰富的石油和天然气资源。我国有将近460万平方千米的辽阔海域,有18000多千米的漫长海岸线,浅海大陆架开阔,渤海、黄海、东海及南海的南北两翼都有面积广大、沉积巨厚的大型盆地,石油和天然气的蕴藏量极大,我国的海洋石油开采已初具规模。

蕴藏在海底的石油和天然气是有机物质在适当的环境下演变而成的。这些有机物质包括陆生和水生的繁殖量大的低等植物,死亡后从陆地搬运下来,或从水体中沉积下来,同泥沙和其他矿物质一起,在低洼的浅海环境或陆上的湖泊环境中沉积,形成了有机淤泥。这种有机淤泥又被新的沉积物覆盖、埋藏起来,造成氧气不能自由进入的还原环境。随着低洼地区的不断沉降,沉积物不断加厚,有机淤泥所承受的压力和温度不断增大,处在还原环境中的有机物质经过复杂的物理、化学变化,逐渐地转化成石油和天然气。经过数百万年漫长而复杂的变化过程,有机淤泥经过压实和固结作用后,变成沉积岩(也叫水积岩),形成生油岩层。沉积岩最初沉积在像盆一样的海洋或湖泊等低洼地区,称为沉积盆地,沉积盆地在漫长的地质演变过程中,随着地壳运动所发生的"沧海桑田"的变化,海洋变成陆地,湖盆变成高山,一层层水平状的沉积岩层发生了规模不等的所地扭曲、褶皱和断裂现象,从而使分散混杂在泥沙之中具有流动性的点滴油气离开它们的原生之地(生油层),经"油气搬家"再集中起来,储集到储油构造当中,形成了可供开采的油气矿藏,所以说沉积盆地是石油的"故乡"。在储油构造里,由于油、气、水比重不同而发生重力分异:气在上部,水在下部,而石油层居中间。储油构造包括油气居住的空间——储集层;覆盖在储集层之上的不渗透层——盖层;以及遮挡油气进入后不再跑掉的"墙"——封闭条件。只要能找到储油构造,就可以找到油气藏。油气藏往往是两种或几种类型的油气复合出现,多个油气藏的组合就叫油气田。

海底石油的生产过程一般分为勘探和开采两个阶段。海上勘探原理和方法与陆地上勘探基本相同,也分普查和详查两个步骤。其方法是以地球物理勘探法和钻井勘探法为主,其任务是探明油气藏的构造、含油面积和储量。详查是从地质调查研究入手,主要通过地震、重力和磁力调查法寻找油气构造。在普查的基础上,运用地球物理勘探分析了解海底地下岩层的分布、地质构造的类型、油气圈闭的情况,确定勘探井位。然后,采用钻井勘探法直接取得地质资料,分析评价和确定该地质构造是否含油、含油量多少及开采价值。

海底为什么有煤呢

　　海底煤矿是一种很重要的矿产,它的开采量在已开采的海洋矿产中占第二位,仅次于石油。现在世界上有一些发达国家已在常年开采海底煤矿。英国是世界上最早在海底开采煤矿的国家,从1620年至今已有300多年的历史。仅海底采出的煤,就占英国采煤总量的10%。日本也是海底采煤量较多的国家,占全国采煤总量的30%。从海底采的煤有褐煤、烟煤和无烟煤。目前,世界上已探查出海底最大煤田是英国诺森伯兰海底煤田。另外有些国家也在海底发现了大型煤田。我国渤海湾和台湾省沿岸也发现了较大规模的海底煤田。

　　海底为什么有煤呢? 我们可以看到在大堆的煤中常可以找到一些植物的树干、茎、叶等,只不过它们早已被碳化或石化了。因此,我们容易联想到,煤是由古代植物残骸堆积层转化来的。形成煤的原始物质,虽然有低等植物,例如藻类,但主要的还是古代的高等植物。简单说来,煤是"参天古木"埋在地下变化而成的。

　　海底煤层像陆上煤层一样,也是由古代高等植物遗体堆积后,在地下经碳化变成的。也许有人会问:海里也能生长树木吗? 虽然陆地上生物的大部分门类都在海洋中找到了,但还未在海洋中发现有过树木。这就是说,形成煤的植物必须在浅水沼泽的环境中才能繁盛生长。因此,哪里的海底有煤层,就说明那里曾经是"桑田"。只是曾一度上升为浅而淡的沼泽,在含煤沉积层堆积后,经地壳运动而下沉,又沦为海水淹没的"沧海"。海底有煤田正好反映了"桑田"经海翻地震而变为"沧海"的过程。当然,海底煤层原来并不一定都是参天古木碳化而来的,其中也包括芦苇、草藓、蒲草等多种高等植物。

　　海底煤田一般沉积在盆地中。海洋中的沉积盆地多是中、新生代形成的。

　　海底煤矿,特别是太平洋西部边缘的煤矿多是在7000万年以来的新生代形成的。日本海底有十多个已经开发的煤田,大多数是7000万～2800万年前老第三纪形成的,而新三纪的煤田很少。

　　我国山东省黄县海滨布满了现代的泥沙,见不到任何产煤的迹象。后来,人们在挖井时在地下几十米处发现了褐煤,经地质人员调查确定,褐煤形成于老第三纪海滨盆地,煤层一直延伸到渤海底,是一个有价值的煤矿。这个煤矿已经被开采,正为人们的生产和生活提供宝贵的燃料。

怎样才能得到海洋元素——溴

　　溴是海水中重要的非金属元素。地球上99%的溴元素以Br的形式存在于海水中,所以人们也把溴称为"海洋元素"。

　　除此之外,盐湖和一些矿泉水中也有溴。由于其单质活泼的性质,在自然界中很难找到单质溴。最常见的形式是溴化物和溴酸盐。海藻等水生植物中也有溴的存在,最早溴的发现就是从海藻的浸取液中得到的。

　　从海水中提取溴,首先要使溴从化合物中脱离出来,变成单独分子状态的溴。为此,可以往海水中通氯气,让氯取代溴化合物的地位,氯成了化合物中的离子,而溴就成了游离状态的物质,但这时它仍然溶解在海水中。如何使它再脱离海水呢? 这时可以用蒸馏法,使它和水蒸气一起跑出来,再经过几道工序,就能得到溴的液体。

　　用浓缩盐卤提取溴,比直接用海水要好。在海水淡化工厂和使用海水冷却的核电站,同时进行提取溴的生产,经济上会更为合算。一个日产10万吨的淡化水厂,每天要处理15万吨海水,可得到10万吨淡水和5万吨卤

水。用这些卤水可提炼10吨溴。

也许有人会觉得溴这个元素离我们的生活很远,只能在实验室里看到它和它的化合物。的确,溴不像氧那样与我们的生命有密切关系,也不像金子那样被人们所推崇和追逐,更不像铁、铝那样与我们的生活息息相关。但溴的化合物用途也是十分广泛的,溴化银被用作照相中的感光剂。当你"咔嚓"按下快门的时候,相片上的部分溴化银就分解出银,从而得到我们所说的底片。溴化锂制冷技术则是最近广为使用的一项环保的空调制冷技术,其特点是不会有氟利昂带来的污染,所以很有发展前景。溴在有机合成中也是很有用的一种元素。在高中的时候,很多人都做过乙烯使溴水褪色的实验,这实际上就代表了一类重要的反应。在制药方面,有很多药里面也是有溴的。灭火器中也有溴,我们平时看到的诸如"1211"灭火器,就是分子里面有一个溴原子的多卤代烷烃,不仅能扑灭普通火险,在泡沫灭火器无法发挥作用的时候,例如油火,它也能扑灭火险。

现在医院里普遍使用的镇静剂,有一类就是用溴的化合物制成的,如溴化钾、溴化钠、溴化铵等,通常用以配成"三溴片",可治疗神精衰弱和歇斯底里症。大家熟悉的红药水,也是溴与汞的化合物。此外,青霉素等抗菌素生产也需要溴,溴还是制造农业杀虫剂的原料。

溴可以用来制作防爆剂。把溴的一种采购化合物与铅的一种有机化合物同时掺入汽油中,可以有效地防止发动机爆烯。只不过这种含铅汽油燃烧会造成空气污染,目前,在我国许多大城市已不再允许销售、使用掺入这种防爆剂的汽油。

目前,世界上有不少国家在进行海水提溴工作。美国年产溴约13万吨,日本年产溴约1万吨。我国一直是从盐化工尾料中提取溴,年产仅3000～4000吨,远远满足不了需要,每年都需要进口溴。因此,我国正在大力开展海水提溴的研究和开发工作。

溴的用途很广,但也是剧毒物质,所以一些农药和防爆剂要控制使用。溴代甲烷对大气臭氧层可能有一定的影响,这一点已引起科学家们的关注。

海底热液矿床是怎么被发现的

同海底热泉有关的多属金属硫化物矿床。海底热泉自海底喷口喷出,常发生于海洋脊轴附近。1965年在红海首次发现海底热泉。1977年伍兹霍尔海洋研究所R.巴拉德等乘阿尔文号潜水器在加拉帕戈斯裂谷发现的热泉及1977年在北纬21°的东太平洋海隆观察到温度最高达(380±30)℃的热泉,其热液刚喷出时清澈透明,与海水相混时遇冷便激起混浊的碱性水柱,并析出很细小的铁、铜、锌等的硫化物颗粒,它们堆积在热泉口旁,成为海底热液矿床。矿床类型已发现的超过11处,依产出位置可分为:大洋中脊型、岛弧—边缘海型、热点型和活动断裂型。

东太平洋海隆热液矿床属大洋中脊型。以北纬21°处的为例,热泉分布在长仅7000米、宽不过200~300米的狭长条带内,喷口多达25个;各高温喷口周围有块状的金属硫化物堆积,高1~5米,状如黑烟囱,这些沉淀物主要是磁黄铁矿,夹杂着黄铁矿、闪锌矿和铜铁的硫化物;喷口附近水样中氦的总含量甚高,表明有来自地幔的物质。

红海热液矿床以阿特兰蒂斯-Ⅱ号深渊为例,底部为软泥覆盖层,由砖红色软泥与白色、黑色、绿色的薄层相间;主要矿物为细粒的铁蒙脱石、针铁矿、水锰矿、锰菱铁矿及多种金属的硫化物;矿床规模很大,估计锌储量可达320万吨,铜80万吨,铅8万吨,银4500吨,金45吨。

锰结核为什么会有"空间金属"的美称

锰结核广泛地分布于世界海洋2000～6000米水深海底的表层,而以生成于4000～6000米水深海底的品质最佳。锰结核总储量估计在30000亿吨以上,其中以北太平洋分布面积最广,储量占一半以上,约为17000亿吨。锰结核密集的地方,每平方米面积上就有100多千克,简直是一个挨一个铺满海底。

锰结核中50%以上是氧化铁和氧化锰,还含有镍、铜、钴、钼、钛等20多种元素。仅就太平洋底的储量而论,这种锰结核中含锰4000亿吨、镍164亿吨、铜88亿吨、钴98亿吨,其金属资源相当于陆地上总储量的几百倍甚至上千倍。如果按照目前世界金属消耗水平计算,铜可供应600年,镍可供应15000年,锰可供应24000年,钴可满足人类130000年的需要,这是一笔多么巨大的财富啊!而且这种结核增长很快,每年以1000万吨的速度在不断堆积,因此,锰结核将成为一种人类取之不尽的"自生矿物"。

锰结核是怎样形成的呢?科学家估计,地球已有50亿年的历史,在这过程中,它在不断地变动。通过地壳中岩浆和热液的活动,以及地壳表面剥蚀搬运和沉积作用,形成了多种矿床。雨水的冲蚀使地面上溶解的一部分矿物质流入了海内。在海水中锰和铁本来是处于饱和状态的,由于这种河流夹带作用,使这两种元素含量不断增加,引起了过饱和沉淀。最初是以胶体态的含水氧化物沉淀出来。在沉淀过程中,又多方吸附铜、钴等物质,并与岩石碎屑、海洋生物遗骨等形成结核体,沉到海底后又随着底流一起滚动,像滚雪球一样,越滚越大,越滚越多,形成了大小不等的锰结核。

19世纪70年代,英国深海调查船"挑战"号在环球海洋考察中,首先发现了深海洋底的锰结核。锰结核所富含的金属,广泛地应用于现代社会的各个方面。如金属锰可用于制造锰钢,极为坚硬,能抗冲击、耐磨损,大量用于制造坦克、钢轨、粉碎机等。锰结核所含的铁是炼钢的主要原料,所含的金属镍可用于制造不锈钢,所含的金属钴可用来制造特种钢。所含的金属铜大量用于制造电线。锰结核所含的金属钛,密度小、强度高、硬度大,广泛应用于航空航天工业,有"空间金属"的美称。锰结核不仅储量巨大,而且还会不断地生长。生长速度因时因地而异,平均每千年长1毫米。以此计算,全球锰结核每年增长1000万吨。锰结核堪称"取之不尽,用之不竭"的可再生多金属矿物资源。

富钴结壳为什么主要赋存在太平洋

富钴结壳又称钴结壳、铁锰结壳,是生长在海底岩石或岩屑表面的皮壳状铁锰氧化物和氢氧化物。因富含钴,故名富钴结壳。表面呈肾状或鲕状或瘤状,黑色、黑褐色,断面构造呈层纹状,有时也呈树枝状,结壳厚0.5~6厘米,平均2厘米左右,厚者可达10~15厘米。在太平洋天皇海岭、中太平洋海山群、马绍尔群岛海岭、夏威夷海岭、麦哲伦海山、吉尔伯特海岭、莱恩群岛海岭、马克萨斯海台等地都有发现,其资源远景巨大。

富钴结壳是一种主要赋存在太平洋,而非大西洋或印度洋,水下顶面

平坦、两翼陡峭、形似"圆台"的海山斜坡上,水深1000～3500米,色黑似煤,质轻性脆,结构疏松,表面常布满花蕾似的瘤状体。由于沉积时古海洋环境的差异,富钴结壳常呈现为成分和颜色不断变化的多层构造特征,如褐煤状、多孔状或无烟煤状结壳分层。此外,据实地勘察及系统科学研究,它在太平洋不同区域的储存特征和富集规律也是五彩纷呈、千奇百态的。至今,它已静静地沉睡在那里数千万年了。资料显示,富钴结壳金属钴含量可高达2%,是陆地最著名的含钴矿床中非含铜硫化物矿床含钴量的20倍;贵金属铂含量也相当于地球上地壳含铂量的80倍。若与我国东太平洋海盆大洋多金属结核开辟区相比,其钴含量高3～4倍,铂含量高10多倍,海底面覆盖率高3～4倍,单位面积重量高4～6倍。据不完全统计,太平洋西部火山构造隆起带上,富钴结壳矿床的潜在资源量达10亿吨,钴金属量达数百万吨,经济总价值已超过1000亿美元。因此,自20世纪80年代以来,它一直是世界海洋矿产资源研究开发领域的热点。

海洋生物资源都包括什么

海洋生物资源又称海洋水产资源,指海洋中蕴藏的经济动物和植物的群体数量,是有生命、能自行增殖和不断更新的海洋资源。其特点是通过生物个体种和种下群的繁殖、发育、生长和新老替代,使资源不断更新,种群不断补充,并通过一定的自我调节能力达到数量相对稳定。海洋生物资源按种类分为:

(1)海洋鱼类资源,占世界海洋渔获量的88%。其中以中上层鱼类为多,约占海洋渔获量的70%,主要有鳀科、鲱科、鲭科、鲹科、竹刀鱼科、胡瓜鱼科和金枪鱼科等。底层鱼以鳕产量最大,次为鲆、鲽类。经济鱼类中,年渔获量超过100万吨的有:狭鳕(明太鱼)、大西洋鳕、毛鳞鱼、远东沙瑙鱼、美洲沙瑙鱼、鲐、智利竹荚鱼、秘鲁鳀、沙丁鱼和大西洋鲱等10种。

(2)海洋软体动物资源,占世界海洋渔获量的7%,包括头足类(枪乌贼、乌贼、章鱼),双壳类(如牡蛎、扇贝、贻贝)及各种蛤类等。

(3)海洋甲壳类动物资源,约占世界海洋渔获量的5%,以对虾类(如对虾、新对虾、鹰爪虾)和其他泳虾类(如褐虾、长额虾科)为主,并有蟹类、南极磷虾等。

(4)海洋哺乳类动物,包括鲸目(各类鲸及海豚)、海牛目(儒艮、海牛)、鳍脚目(海豹、海象、海狮)及食肉目(海獭)等。其皮可制革,肉可食用,脂肪可提炼工业用油。其中鲸类年捕获量约2万头。

(5)海洋植物,以各类海藻为主,主要有硅藻、红藻、蓝藻、褐藻、甲藻和绿藻等11门,其中近百种可食用,还可从中提取藻胶等多种化合物。当前世界海洋生物资源利用很不充分,捕捞对象仅限于少数几种,而大型海洋无脊椎动物、多种海藻及南极磷虾等资源均未很好开发利用;捕捞范围集中于沿岸地带,仅占世界海洋总面积7.4%的大陆架水域,却占世界海洋渔

获量的90%以上。据估计,海洋中每年有200亿吨碳转化为植物;海洋每年可提供鱼产品约2亿吨,迄今仅利用1/3左右。海洋生物资源进一步开发利用的途径为:一是开发远洋(如南大洋)和深海的鱼类及大型无脊椎动物,首先是水深200～2000米及更深处的资源。二是开发海洋食物链级次较低的种类,如南极磷虾资源。三是大力发展大陆架水域的海水养殖和增殖业(如放养鱼、贝类和虾等),实现海洋水产生产农牧化。

为什么可燃冰的开采那么困难

"可燃冰"是未来洁净的新能源。它的主要成分是甲烷分子与水分子。它的形成与海底石油、天然气的形成过程相仿,而且密切相关。埋于海底地层深处的大量有机质处于缺氧环境中,厌气性细菌把其分解,最后形成石油和天然气(石油气)。其中许多天然气又被包进水分子中,在海底的低温与压力下形成"可燃冰"。这是因为天然气有个特殊性能,它和水可以在温度2～5℃内结晶,这个结晶就是"可燃冰"。因为主要成分是甲烷,因此也常称为"甲烷水合物"。在常温常压下它会分解成水与甲烷,"可燃冰"可以看成是高度压缩的固态天然气。可燃冰外表上看,它像冰霜,从微观上看,其分子结构就像一个一个"笼子",由若干水分子组成一个笼子,每个笼子里"关"一个气体分子。目前,可燃冰主要分布在东、西太平洋和大西洋西部边缘,是一种极具发展潜力的新能源,但由于开采困难,海底可燃冰至今仍原封不动地保存在海底和永久冻土层内。

可燃冰有望取代煤、石油和天然气,成为21世纪的新能源。科学家估计,海底可燃冰分布的范围约占海洋总面积的10%,相当于4000万平方千米,是迄今为止海底最具价值的矿产资源,足够人类使用1000年。但在繁复的可燃冰开采过程中,一旦出现任何差错,将引发严重的环境灾难,成为环保敌人。首先,收集海水中的气体是十分困难的,海底可燃冰属大面积分布,其分解出来的甲烷很难聚集在某一地区内收集,而且一离开海床便迅速分解,容易发生喷井意外。更重要的是,甲烷的温室效应比二氧化碳厉害10~20倍,若处理不当发生意外,分解出来的甲烷气体由海水释放到大气层,将使全球温室效应问题更趋严重。此外,海底开采还可能会破坏地壳稳定平衡,造成大陆架边缘动荡而引发海底塌方,甚至导致大规模海啸,带来灾难性后果。目前已有证据显示,过去这类气体的大规模自然释放,在某种程度上导致了地球气候急剧变化。8000年前在北欧造成浩劫的大海啸,也极有可能是由于这种气体大量释放所致。

可燃冰开采方案主要有三种:

方案一是热解法。利用可燃冰在加温时分解的特性,使其由固态分解出甲烷蒸气。但此方法难处在于不好收集。海底的多孔介质不是集中为"一片",也不是一大块岩石,而是较为均匀地遍布着。如何布设管道并高效收集是急于解决的问题。

方案二是降压法。有科学家提出将核废料埋入地底,利用核辐射效应使其分解。但它们都面临着和热解法同样布设管道并高效收集的问题。

方案三是置换法。研究证实,将二氧化碳液化(实现起来很容易),注入1500米以下的洋面(不一定非要到海底),就会生成二氧化碳水合物,它的比重比海水大,于是就会沉入海底。如果将二氧化碳注射入海底的甲烷水合物储层,因二氧化碳较之甲烷易于形成水合物,因而就可能将甲烷水合物中的甲烷分子"挤走",从而将其置换出来。

但如果可燃冰在开采中发生泄露,大量甲烷气体分解出来,经由海水进入大气层,甲烷的温室效应比二氧化碳要大21倍,因此一旦这种泄露得不到控制,全球温室效应将迅速增大,大气升温后,海水温度也将随之升高,地层温度上升,这会造成海底的可燃冰的自动分解,引起恶性循环。因此,开采必须要受控,使释放出的甲烷气体都能被有效收集起来。

海底可燃冰的开采涉及复杂的技术问题,所以目前仍在发展阶段,估计需要10~30年的时间才能投入商业开采。其实,中国、美国、加拿大、印度、韩国、挪威和日本已开始各自的可燃冰研究计划,其中日本建成多口探井相继投入商业开采,美国近年也奋起直追,希望在海床或永久冻土带进行商业开采。

可见,可燃冰带给人类的不仅是新的希望,同样也有新的困难,只有合理地、科学地开发和利用,可燃冰才会真正地为人类造福。

滨海砂矿里含有什么

在滨海的砂层中,常蕴藏着大量的金刚石、砂金、砂铂、石英以及金红石、锆石、独居石、钛铁矿等稀有矿物。因它们在滨海地带富集成矿,所以称"滨海砂矿"。滨海砂矿在浅海矿产资源中,其价值仅次于石油、天然气,居第二位。

滨海砂矿用途很广,例如从金红石和钛铁矿中提取的钛,具有比重小、强度大、耐腐蚀、抗高温等特点,在导弹、火箭和航空工业上广泛应用。锆石具有耐高温、耐腐蚀和热中子难穿透的特点,在铸造工业、核反应、核潜艇等方面用途很广。独居石中所含的稀有元素,像铌,可用于飞机、火箭外壳,钽还可用在反应堆和微型电渡上。据统计,世界上96%的锆石、90%的金刚石和金红石、80%的独居石和30%的钛铁矿都来自滨海砂矿,故许多国家都十分重视滨海砂矿的开发。

因经受多次地壳运动,中国大陆东部岩浆活动频繁,为形成各种金属和非金属矿床创造了有利条件,钨、锡、铜、铁、金和金刚石等很丰富。在大面积分布的岩浆岩、变质岩和火山岩中,也含有各种重矿物。现已发现有钛、锆、铍、钨、锡、金、硅和其他稀有金属,分布在辽东半岛、山东半岛、福建、广东、海南和广西沿海以及台湾周围,台湾和海南岛尤为丰富,主要有锆石—钛铁矿—独居石—金红石砂矿,钛铁矿—锆石砂矿,独居石—磷钇矿,铁砂矿,锡石砂矿,砂金矿和沙砾等。

台湾是中国重要的砂矿产地,盛产磁铁矿、钛铁矿、金红石、锆石和独居石等。磁铁矿主要分布在台湾北部海滨,以台东和秀姑峦溪河口间最集中。北部和西北部海滩年产铁矿砂约1万吨。在西南海滨,独水溪与台南间的海滩上分布着8条大砂堤,最大的长10里,为独居石—锆石砂矿区,已采出独居石3万多吨,锆石5万多吨,南统山洲砂堤的重矿物储量在4.6万吨以上,嘉义至台南的海滨又发现5万吨规模的独居石砂矿。

海南岛沿岸有金红石、独居石、锆英石等多种矿物。

福建沿海稀有和稀土金属砂矿也不少。锆石主要分布在诏安、厦门、东山、漳浦、惠安、晋江、平潭和长乐等地。独居石以长乐品位最高,每立方米2千克。金红石主要分布在东山岛、漳浦、长乐等地。诏安、厦门、东山、长乐等地均有铁钛砂。铁砂分布很广,以福鼎、霞浦、福清、江阴岛、南日岛、惠安和龙海目屿等最集中。至于玻璃砂和型砂,不仅分布广,质量好,含硅率亦高。平潭的石英砂含硅率达98%以上。辽东半岛发现有砂金和锆英石等矿物,大连地区探明到一个全国储量最大的金刚石矿田,山东半岛也发现有砂金、玻璃石英、锆英石等矿物,广东沿岸有独居石、铌钽铁砂、锡石和磷钇等矿。

有些滨海砂矿已向大陆架延伸,如台湾橙基煤矿已在海底开采多年,辽宁大型铜矿也从陆上延伸到海底开采,山东的金矿、辽宁某些煤矿以及山东龙口、蓬莱的一些煤层也伸至海底。

滨海砂矿中含量最多的是石英矿物。它可以说是唾手可得,取之不尽。石英可提取硅,硅是一种半导体材料,银灰色,性脆,熔点高达1420℃。从20世纪60年代起,硅就被广泛应用于无线电技术、电子计算机、自动化

技术和火箭导航方面,是整流组件和功率晶体管的理想材料。用硅制成的太阳能电池,能把13%~15%的太阳能直接转变为电能。这种电池,重量轻,供电时间长。我国发射的人造卫星就采用了这种电池。熔融石英则是制造紫外线灯管不可缺少的材料,因为一般玻璃会吸收紫外线,而石英却能让紫外线通行无阻。目前,石英正日益成为冶金、化工、电器部门的"原料巨人"。

海砂中的金刚石也很诱人。金刚石是一种最坚硬的天然物质,一向有"硬度之王"的称号。它是由碳酸组成的结晶体,常成浅黄、天蓝、黑、玫瑰红等颜色。金刚石常被琢磨成宝石。晶莹剔透的宝石,光华四射,灿烂夺目,非常珍贵。但是,金刚石最大的用途,是用于制造勘探和开采地下资源的钻头,以及用于机械、光学仪器加工等方面。近年,人们还发现金刚石是一种半导体,并已应用于电子工业和空间技术等方面。

从海砂里,还可以分选出金红石、钛铁矿等物质。金红石是一种红褐色的矿物,形状好似四方的小柱子,又硬又脆,呈金刚光泽;钛铁矿则多呈黑色,粒状,性脆,具有强烈的金属光泽。它们是提取金属钛的重要原料。钛是比铁强韧得多的金属,比重只有铁的一半多一点,且不会生锈,熔点高达1725℃。钛合金既能经受住500℃以上高温的锻炼,又能抗得起-100℃低温的考验。因此,钛和钛合金已经成为制造超音速飞机、火箭、导弹等现代武器不可缺少的材料,有"空间金属"之称。

滨海砂金展现的前景也很引人注目。它具有分布广、储量大和开采方便等优点。砂金常呈短片状或颗粒状,富集于海底的砂层中,常与钒铁砂、磁铁砂、钛铁砂、独居石等矿物相伴产出,开采砂金时,还可以兼得这些宝藏。在海砂中,还可以分选出锆矿石、磁铁矿、锡矿、黑钨砂、钶钽铁矿、石榴石、磷灰石等矿物。

海水中金属的腐蚀都是什么因素引起的

金属在海水中易受化学因素、物理因素和生物因素的作用而发生破坏。金属结构被腐蚀的结果是,材料变薄,强度降低,有时发生局部穿孔或断裂,甚至使结构破坏。全世界每年生产的钢铁产品,大约有1/10因腐蚀而报废,工业发达国家每年因腐蚀造成的经济损失,大约占国民经济总产值的2%~4%。

第一次世界大战期间,由于金属腐蚀,英国许多军舰在港口等候更换冷凝管,严重地影响了战斗力。后来由于G.D.本戈和R.梅等人对黄铜冷凝管的脱锌作用进行了仔细的研究,改进了冷凝器的设计,又用新材料代替黄铜,才解决了这个腐蚀问题。1935年,国际镍公司在美国北卡罗来纳州的赖茨维尔比奇,建立了F.L.拉克腐蚀研究所,对金属材料和非金属材料进行了大量的海水腐蚀和海洋大气腐蚀的试验。20世纪70年代,英国、法国、联邦德国和荷兰等国为了开发北海的石油和天然气,协作研究了近海钢结构的腐蚀问题,特别是腐蚀疲劳问题。许多国家都十分重视关于金属的腐蚀和防护科学研究,学术交流活动。中国在1949年之后,金属腐蚀和保护研究方面,得到了迅速的发展,在国民经济和国防建设中发挥了重要的作用。

金属在海水中的腐蚀,影响因素很多,包括化学、物理和生物等因素。

1.化学因素

(1)溶解氧。海水溶解氧的含量越多,金属的腐蚀速度越快。但对于铝和不锈钢一类金属,当其被氧化时,表面形成一薄层氧化膜,保护金属不再被腐蚀,即保持了钝态。此外,在没有溶解氧的海水中,铜和铁几乎不受腐蚀。

（2）盐度。海水含盐量较高，其中所含的钙离子和镁离子，能够在金属表面析出碳酸钙和氢氧化镁的沉淀，对金属有一定的保护作用。河口区海水的盐度低，钙和镁的含量较小，金属的腐蚀性增加。海水中的氯离子能破坏金属表面的氧化膜，并能与金属离子形成络合物，后者在水解时产生氢离子，使海水的酸度增大，使金属的局部腐蚀加强。

（3）酸碱度。用pH值表示。pH值越小，酸性越强，反之亦然。海水的pH值通常变化甚小，对金属的腐蚀几乎没有直接影响。但在河口区或当海水被污染时，pH值可能有所改变，因而对腐蚀有一定的影响。

2.物理因素

（1）流速。海水对金属的相对流速增大时，溶解氧向阴极扩散得更快，使金属的腐蚀速度增加。特别是当海水流速很大，或者它对金属的冲击很强时，海水中会产生气泡，发生空泡腐蚀，其破坏性更强。船舶螺旋推进器的叶片，往往因空泡腐蚀而损坏。

（2）潮汐。海水中裸钢桩的腐蚀，可表明潮水涨落的影响。靠近海面的大气中，有大量的水分和盐分，又有充足的氧，对金属的腐蚀性比较强。因此，在平均高潮线上面海水浪花飞溅到的地方，金属表面经常处于潮湿多氧的情况下，腐蚀最为严重。在平均高潮线和平均低潮线之间为潮差区，金属的腐蚀性差别很大，由高潮线向下，腐蚀速度逐渐下降。总的说来，在平均中潮线以上的腐蚀比较严重。

（3）温度。水温升高，会使腐蚀加速。但是温度升高，氧在海水中的溶解度降低，使腐蚀减轻。这两方面的效果相反。

3.生物因素

许多海洋生物常常附着在海水中的金属表面上。钙质附着物对金属有一定的保护作用,但是附着的生物的代谢物和尸体分解物,有硫化氢等酸性成分,却能加剧金属的腐蚀。另外,藤壶等附着生物在金属表面形成缝隙,这时隙内水溶液的含氧量比隙外海水少,构成了氧的浓差电池,使隙内的金属受腐蚀,这就是金属的缝隙腐蚀。铜及其合金被腐蚀时,放出有毒的铜离子,能够阻止海洋生物在金属表面附着生殖,从而免受进一步的腐蚀。此外,存在于海水中和淤泥中的硫酸盐还原菌,能将硫酸盐还原成硫化物,后者对金属有腐蚀作用。

什 么 是 海 洋 污 染 物

海洋污染物指主要经由人类活动而直接或间接进入海洋环境,并能产生有害影响的物质或能量。人们在海上和沿海地区排污可以污染海洋,而投弃在内陆地区的污物亦能通过大气的搬运,河流的携带而进入海洋。海洋中累积着的人为污染物不仅种类多、数量大,而且危害深远。自然界如火山喷发、自然油溢也会造成海洋污染,但相比于人为的污染物影响小,不作为海洋环境科学研究的主要对象。

一种物质入海后,是否成为污染物,因物质的性质、数量(或浓度)、时间和海洋环境特征而异。有些物质,入海量少,对海洋生物的生长有利;量大,则有害,如城市生活污水中所含的氮、磷。工业污水中所含的铜、锌等元素就是如此。

在多数情况下,受污染的水域往往有多种污染物。因此,一种污染物入海后,经过一系列物理、化学、生物和地质过程,其存在形态、浓度、在时间和空间上的分布,乃至对生物的毒性都将发生较大的变化。如无机汞入海后,若被转化为有机汞,毒性显著增强;但若有较高浓度硒元素或含硫氨基酸存在时,毒性会降低。有些化学性质较稳定的污染物,当排入海中的

数量少时,其影响不易被察觉,但由于这些污染物不易分解,能较长时间地滞留和积累,一旦造成不良的影响则不易消除。海洋污染物对人体健康的危害,主要是通过食用受污染的海产品和直接污染的方式。

海洋石油污染是怎么产生的

海洋石油污染是石油及其产品在开采、炼制、贮运和使用过程中进入海洋环境而造成的污染。特别是海湾战争中造成的海洋石油污染,不但严重破坏了波斯湾的生态环境,还造成洲际规模的大气污染。

油品入海途径有:炼油厂含油废水经河流或直接注入海洋;油船漏油、排放和发生事故,使油品直接入海;海底油田在开采过程中的溢漏及井喷,使石油进入海洋水体;大气中的低分子石油经沉降到海洋水域;海洋底层局部自然溢油。

石油入海后即发生一系列复杂变化,包括扩散、蒸发、溶解、乳化、光化学氧化、微生物氧化、沉降,形成沥青球,以及沿着食物链转移等过程。

海洋石油污染带来的影响和危害有:

(1)对环境的污染。海面的油膜阻碍大气与海水的物质交换,影响海面对电磁辐射的吸收、传递和反射;两极地区海域冰面上的油膜,能增加对太阳能的吸收而加速冰层的融化,使海平面上升,并影响全球气候;海面及海水中的石油烃能溶解部分卤化烃等污染物,降低界面间的物质迁移转化率;破坏海滨风景区和海滨浴场。

(2)对生物的危害。油膜使透入海水的太阳辐射减弱,从而影响海洋植物的光合作用;污染海兽的皮毛和海鸟的羽毛,溶解其中的油脂,使它们丧失保温、游泳或飞行的能力;干扰生物的摄食、繁殖、生长、行为和生物的趋化性等能力;使受污染海域个别生物种的丰度和分布发生变化,从而改变生物群落的种类组成;高浓度石油会降低微型藻类的固氮能力,阻碍其生长甚至导致其死亡;沉降于潮间带和浅海海底的石油,使一些动物幼虫、海藻孢子失去适宜的固着基质或降低固着能力;石油能渗入较高级的大米草和红树等植物体内,改变细胞的渗透性,甚至使其死亡;毒害海洋生物。

(3)对水产业的影响。油污会改变某些鱼类的洄游路线;玷污渔网、养殖器材和渔获物;受污染的鱼、贝等海产品难以销售或不能食用。

海洋保护区为什么会兴起

海洋环境严重污染,海洋资源过度地开发利用,导致海洋环境及其资源严重破坏。近30年来,不少沿海国家和地区相继建立起为数众多的各种类型的海洋保护区,这些保护区根据保护对象的不同,大致可区分为:海洋生态系统保护区、濒危珍稀物种保护区、自然历史遗迹保护区、特殊自然景观保护区以及海洋环境保护区,等等。通过海洋保护区能完整地保存自然环境和自然资源的本来面貌;能保护、恢复、发展、引种、繁殖生物资源,能保存生物物种的多样性,能消除和减少人为的不利影响,因此保护区的兴起,为人类保护海洋环境及其资源,开辟了新的途径。

世界上最大的海洋生态系统保护区要算位于澳大利亚东北部近海的大堡礁保护区。大堡礁是世界上最大的珊瑚礁群,它由2900多个独立礁石和900多个岛屿组成,珊瑚礁南北绵延达2300多千米,东西宽窄不一,最宽处可达150多千米,最狭处仅2千米,总面积约28万平方千米,比英国本土的面积还大。大堡礁与澳大利亚大陆海岸隔着一条20~350千米的水道,其深度为35~70米不等,最深处约100多米,是一条重要航道。在这片海域里生存着400多种珊瑚,1500多种鱼类,数万种软体动物、甲壳动物和其他生物,仅鲸就有22种,是一个典型的生物多样性海域。这里位于南半球低纬度地区,终年受南赤道暖流的影响,表层水温平均在20℃以下,夏季高达28℃,阳光充足,东南信风不断扰动海水,提供较多的养分,极有利于珊瑚的发育繁殖,因其珊瑚著名,附近海区被定名为"珊瑚海"。1974年澳大利亚政府将大堡礁定为国家公园加以保护;1980年联合国教科文组织将其列为世界遗产。目前每年到此旅游观光者高达200万人,成为一个著名的海洋乐园,可是大量观光客随意采摘珊瑚,已使珊瑚礁受到严重损害。同时陆地农田污染水的流入,一些有害化学残留物玷污了环礁水域,加上浅海航道上的漏油沉船事故频发,造成大面积海域的污染,使珊瑚礁如同热带雨林一样,以惊人的速度消失,影响到大堡礁国家公园的安危。当前保护区管理部门已采取严格措施,限制对海域的排污,加强浅水航道的安全,积极开展对观光旅游者的教育宣传工作。

美国1975年开始建立海洋保护区,目前已相继在夏威夷群岛、加利福利亚沿海和佛罗里达群岛周围建立了12个保护区,总面积约8万平方千米,预计将达到20个保护区。在保护区内严禁开采石油、天然气和砂石,禁止倾倒废物,船只仅允许在某些指定水道航行,有效地保护了这些海域的环境和资源。

菲律宾政府为制止渔民采用炸鱼等非法手段酷捕鱼类资源和滥采珊瑚礁资源,于1984年在阿波岛附近海域建立了海洋保护区。几年后,这些资源逐步得到恢复,目前渔业捕捞量已增长了3倍,70%遭到严重破坏的珊瑚礁已得到了有效保护。

我国的海洋保护区建设,最早可追溯到1963年在渤海海域划定的蛇岛自然保护区。其后大规模兴起的海洋保护区的建设,是1990年经国务院批准建立的昌黎黄金海岸、山口红树林生态、大洲岛海洋生态、三亚珊瑚礁以及南麂列岛等五处海洋自然保护区。这些保护区大多数是属于海岛类型的,其中大洲岛海洋生态保护区,保护全岛及其周围两海里内的海域,共约70平方千米;三亚珊瑚礁保护区,保护面积约60平方千米,这里珊瑚资源丰富,品种多达80余种,并伴有大量鱼虾贝藻构成的独特生物群落;南麂列岛保护区,面积近200平方千米,是由23个海岛、14个暗礁、55个明礁、21个干出礁组成的,保护贝类340多种,占我国贝类总数的1/3,底栖藻类170余种,占总数的1/5,以及其他一些珍稀物种;山口红树林保护区,保护沙田半岛的沿海滩涂地带约50平方千米,形成千亩以上成片的红树林,保护区内栖息着众多的海洋生物和鸟类,附近海域为珍稀动物儒艮摄食区;昌黎黄金海岸保护区,面积约300平方千米,在30千米长的沙带上矗立着高20~40米的金黄色沙丘,连绵不断,形成世界少有的沙岸景观。

1992年,国务院又相继批准了福建晋江深沪湾海底森林遗迹保护区和天津古海岸保护区。目前建立的7个国家级海洋自然保护区,有的是在国内外具有典型意义的海洋生态系统及具有特殊的科学、经济价值和生产能力的自然区域;有的是珍稀、濒危或特有物种的海洋生物物种栖息、繁衍区域和重要洄游路线;有的是具有独特观赏或科学价值的特殊自然景观区域;有的是反映人类认识、开发、利用海洋的重要历史遗迹。与此同时,沿海省市有关部门还建立了地方级海洋保护区40个。

海洋环境保护是全球的关注焦点

海洋环境(质量)标准是确定和衡量海洋环境好坏的一种尺度。它具有法律的约束力,一般分为三类,即海水水质标准、海洋沉积物标准和海洋生物体残毒标准。制定标准时通常要经过两个过程。首先,要确定海洋环境质量的"基准",经过调查研究,掌握环境要素的基本情况,一定阶段内海水、沉积物中污染物的种类、浓度和生物体中各种污染物的残留量;考察不同环境条件下,各种浓度的污染物的影响,并选取适当的环境指标,在此基础上,才能确定基准。其次,"标准"的确定要考虑适用海区的自净能力或

环境容量,以及该地区社会、经济的承受能力。

由于海洋的特殊性,海洋污染与大气、陆地污染有很多不同,其突出的特点:一是污染源广,不仅人类在海洋的活动可以污染海洋,而且人类在陆地和其他活动方面所产生的污染物,也将通过江河径流、大气扩散和雨雪等降水形式,最终都将汇入海洋。二是持续性强,海洋是地球上地势最低的区域,不可能像大气和江河那样,通过一次暴雨或一个汛期,使污染物转移或消除;一旦污染物进入海洋后,很难再转移出去,不能溶解和不易分解的物质在海洋中越积越多,往往通过生物的浓缩作用和食物链传递,对人类造成潜在威胁。三是扩散范围广,全球海洋是相互连通的一个整体,一个海域污染了,往往会扩散到周边,甚至有的后期效应还会波及全球。四是防治难、危害大。海洋污染有很长的积累过程,不易及时发现,一旦形成污染,需要长期治理才能消除影响,且治理费用大,造成的危害会影响到各方面,特别是对人体产生的毒害,更是难以彻底清除干净。

海洋环境保护是在调查研究的基础上,针对海洋环境方面存在的问题,依据海洋生态平衡的要求制定的有关法规,并运用科学的方法和手段来调整海洋开发和环境生态间的关系,以达到海洋资源的持续利用的目的。海洋环境是人类赖以生存和发展的自然环境的重要组成部分,包括海洋水体、海底和海面上空的大气,以及同海洋密切相关,并受到海洋影响的沿岸和河口区域。海洋环境问题的产生,主要是人们在开发利用海洋的过程中,没有考虑海洋环境的承受能力,低估了自然界的反作用,使海洋环境受到不同程度的损坏。首先是向海洋排放污染物;其次是某些不合理的海岸工程建设,给海洋环境带来的严重影响;第三是对水产资源的酷捕,对红树林、珊瑚礁的乱伐乱采,也危及到生态平衡。上述问题的存在已对人类生产和生活均构成了严重威胁。为此,海洋环境保护问题已成为当今全球关注的热点之一。

海洋产业是不断扩大的海洋产业群

　　海洋开发与陆地经济活动相比,属于新兴的领域。除传统的海洋渔业、海洋交通运输业和海盐业外,由于现代科学技术的发展,使人类认识海洋、开发海洋的能力不断提高,开发海洋的范围扩大,发现新资源、开发新领域的经济活动形成了一系列海洋新兴产业。近20～30年就形成了海水养殖业、海洋油气开采工业、海洋娱乐和旅游业等。还有一些正在产业化过程中的海洋经济开发活动,如海水淡化和海水综合利用、海洋能利用、海洋药物开发、海洋空间新型利用、深海采矿等。

　　随着海洋高新技术的不断进步,人类对海洋的开发、利用和保护活动将不断深入和扩大,海洋信息服务产业、海洋环保产业等将开辟更为广阔的领域。海洋开发就是这样一项具有广阔前景、不断扩大和发展的全球性事业。